Guy Jouve

Du géocentrisme au Big Bang

Les grandes étapes de l'astronomie et de l'astrophysique

BOD

Du même auteur :

Guy Jouve. Les problèmes de datation dans la grotte Chauvet et quelques grottes du Jura Souabe (2017). Bod éditeur.

Jean Combier & Guy Jouve. Chauvet cave's art is not Aurignacian: a new examination of the archaeological evidence and dating procedures Quartär 59 (2012) : 131-152.

Jean Combier et Guy Jouve. Nouvelles recherches sur l'identité culturelle et stylistique de la grotte Chauvet et sur sa datation par la méthode du 14C. L'Anthropologie 118 (2014) 115–151.

Guy Jouve. Contrôler la décontamination du charbon de bois Paléolithique par l'isotope 13 du carbone, application aux datations dans la grotte de Candamo (2020). L'Anthropologie.

Guy Jouve. Les entrées préhistoriques à la grotte Chauvet. L'Anthropologie (2020).

Guy Jouve, Paul Pettitt, Paul Bahn. Chauvet Cave's art remains undated. L'Anthropologie (2020).

Guy Jouve. Utilisation des isotopes stables pour l'identification de l'origine du carbone dans la datation du charbon de bois du Paléolithique. L'Anthropologie 117 (2013) 413-419.

L'attribution culturelle des sculptures du Jura souabe d'après les documents des découvreurs. L'Anthropologie, sous presse.

Photo couverture : Giorgione

Table des matières

Partie A   Du géocentrisme à l'héliocentrisme

Partie B   Les Galaxies et la cosmologie

Partie C Histoire de la relativité-Théories de la gravitation

Annexe Documents

Avant-propos

Cet ouvrage présente l'histoire des découvertes en astronomie de l'époque historique à nos jours. Malgré les importantes différences technologiques, nous constaterons des similitudes : savants exceptionnels, travaux collectifs, accueil des découvertes oscillant entre succès et défiance de la part des tenants de la culture.

Nous avons limité au maximum les développements mathématiques et physiques, pour en alléger la lecture. Les non-spécialistes pourront les passer sans que leur compréhension de l'historique des découvertes en soit affectée. Les annexes sont consacrées à des documents provenant des astronomes et astrophysiciens.

Nous montrerons les démarches de savants très connus comme Galilée, Newton, Einstein, etc., mais aussi d'autres qui ne leur sont pas inférieurs mais ne sont connus que des spécialistes, comme Copernic et Poincaré. On sera sans doute surpris que nous leur ajoutions Brynjolfsson, car il est encore totalement inconnu. Il n'avait pas d'idée révolutionnaire au départ, et en appliquant tout simplement les lois de la physique, il a abouti à un résultat, dont on n'a pas encore saisi l'importance, sur l'espace cosmique et sur les photons.

Il est apparu utile d'ajouter un historique des théories de la relativité, à cause de leur succès dans les médias et dans les institutions.

Les documents présentés à la fin de l'ouvrage peuvent paraître rebutants aux non-spécialistes, mais il nous est cependant paru utile de les placer comme référence parce qu'il ne faut avancer que ce que l'on peut démontrer.

Nicolas Copernic

Partie A

Du Géocentrisme à l'Héliocentrisme

Chapitre 1

de Ptolémée à Copernic

Le géocentrisme, théorie qui suppose la Terre fixe au centre de l'univers qui tourne, était enseigné dans les universités depuis le début de notre ère, suivant les calculs de l'astronome grec Claude Ptolémée d'Alexandrie (100-168) ; c'était en accord avec la philosophie d'Aristote. Treize siècles après cet astronome, un mathématicien et astronome polonais, Nicolas Copernic, annonça clairement que c'était faux, et présenta ses propres calculs qui justifient un autre système, l'héliocentrisme, qui n'ont pu être contestés sur des bases scientifiques. Dans ce système, le soleil est le centre de l'univers et non la Terre. C'était il y a cinq cents ans. Il savait qu'il aurait des difficultés à faire admettre ses résultats et qu'il ne pourrait pas convaincre ceux qui ne voudraient pas se pencher sur ses arguments et calculs ; c'est l'histoire du cheminement de ce changement révolutionnaire en son temps que nous allons observer.

Il nous est tous arrivé de nous poser cette question, en été : « où l'ombre va-t-elle tourner ? ». Cela ne revient-il pas à dire : « où le soleil va-t-il tourner ? » Par rapport à nous, la Terre est fixe et le soleil tourne, et la Lune également, il en est à peu près de même de la voûte étoilée la nuit. Si l'on observe l'évolution de ces mouvements apparents le long des semaines et des mois, on arrive à des conclusions simples pour la Lune – le mois lunaire est connu depuis des millénaires – mais si on s'intéresse aux planètes, on constatera bien vite que le déplacement apparent est complexe et donc mystérieux, avec des rétrogradations (figure 3) et ne permet pas de conclusion simple, si ce n'est qu'il s'agit d'astres errants, ce qui est l'étymologie du mot planète.

Le Soleil permet de repérer des divisions de la journée grâce au cadran solaire, l'inclinaison de son orbite apparente permettant depuis très longtemps de déterminer des saisons, ce qui est bien utile pour l'agriculture. Les positions des planètes ne paraissent utiles que pour l'astrologie, qui était en faveur dans la plupart des cultures, mais le problème était compliqué : non seulement la durée nécessaire aux observations est longue, mais il faut des visées précises pour obtenir les mesures des angles dans l'espace, le tout en relation avec les dates du calendrier. On a besoin ensuite de calculs avec des procédés de la géométrie et de la trigonométrie si l'on espère établir une théorie qui permette de prévoir leurs positions dans l'avenir, les planètes étant supposées influencer les êtres vivants selon l'astrologie.

Nous savons maintenant que la complexité de ces trajectoires cache des mouvements très différents, que les planètes tournent autour du soleil et que les mouvements de la Terre ne permettent pas d'en avoir une vue simple. Comment est-on arrivé à cette connaissance ?

On ne sait pas grand-chose des premières observations d'astronomie. Les historiens ont pu néanmoins recueillir quelques textes et traditions venant d'Orient depuis environ cinq millénaires (voir documents page 165).

Claude Ptolémée d'Alexandrie (probablement 90-168), après Hipparque qui fut l'initiateur de l'astronomie mathématique, utilisa les nombreuses observations faites les siècles précédents en Orient pour fournir une théorie géométrique complexe décrivant les mouvements apparents des astres, reposant sur l'idée que la Terre serait fixe.

Il justifiait que la Terre est fixe, par les mouvements de projectiles que l'on lance verticalement et qui retombent sur la même ligne, sans déviation, héritage d'Aristote. Copernic fut le premier à la dénoncer cette argumentation, que l'on sait maintenant fallacieuse. Sur cette base, Ptolémée avait établi une méthode mathématique qui relie les positions angulaires successives des astres. C'est une mathématique vaste et complexe, qui n'est pas à rejeter, mais il suffirait d'ajouter qu'il s'agit des trajectoires des astres *dans un repère lié à la Terre* pour qu'elle ne soit pas critiquable dans son principe ; cela reste un objet intéressant pour les mathématiciens. Une difficulté demeure néanmoins, les résultats ne s'accordant pas toujours avec la taille apparente des planètes et encore moins avec les distances, mais l'objectif recherché se limitait aux observations des directions des planètes.

Dans cette *Composition [ou synthèse] mathématique* (voir documents page 170), titre qu'il donna à son ouvrage rédigé en grec, les astres se déplacent suivant des trajectoires qui sont des cercles (appelés épicycles) qui eux-mêmes se déplacent sur des cercles principaux plus grands (déférents), les centres de ces cercles sont plus ou moins décalés et tournent à une vitesse angulaire constante par rapport à un point (équant) (figure 1).

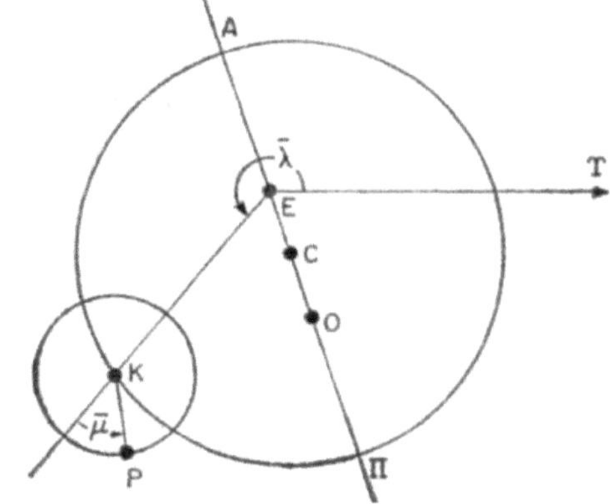

Figure 1. Système de Ptolémée. P planète. Le centre K du petit cerce (épicycle) se déplace sur le grand cercle (déférent) à vitesse angulaire constante par rapport au point équant E. C est le centre du déférent, la Terre est au point O (dessin J. Evans).

C'est un ensemble géométrique complexe et hétérogène qui ne pouvait prétendre à une description scientifique des mouvements des corps célestes, mais avait son utilité pour concevoir les tables astrologiques, avec les positions apparentes des planètes dans le ciel, ce qui était demandé par les astrologues.

Pour Ptolémée comme Pythagore, les planètes, la Lune et le Soleil tournaient autour de la Terre, c'étaient dans l'ordre du plus proche au plus lointain : Lune Mercure Vénus Soleil Mars Jupiter Saturne (figure 2). Nous savons maintenant que cela ne correspond pas à la réalité.

Figure 2. Succession des astres par rapport à la Terre selon Ptolémée (représentation des trajectoires très simplifiées en cercles) : Lune Vénus Soleil Mars Jupiter Saturne constellations du zodiaque. (Harmonica macrcosmica de Celarius 1661).

Nicolas Copernic (1473-1543)

À la Renaissance, le géocentrisme de Ptolémée était enseigné avec quelques variantes dans les universités catholiques et réformées. Un jeune prêtre Nicolas Copernic, formé aux mathématiques et à l'astronomie, connaissait les faiblesses de ce système, en particulier pour la planète Vénus et les rétrogradations (figure 3). Il savait aussi que quelques mathématiciens et philosophes dans l'antiquité avaient fourni une autre interprétation, l'héliocentrisme, mais sans que l'on connaisse de justification mathématique.

> « Vous n'êtes pas sans savoir [avait dit Archimède] que pour l'Univers, la plupart des Astronomes signifient une sphère ayant son centre au centre de la Terre [...]. Toutefois, Aristarque de Samos[1] a publié des écrits sur les hypothèses astronomiques. Les présuppositions qu'on trouve dans ses écrits suggèrent un univers beaucoup plus grand que celui mentionné plus haut. Il commence en fait avec l'hypothèse que les étoiles fixes et le Soleil sont immobiles. Quant à la Terre, elle se déplace autour du Soleil sur la circonférence d'un cercle ayant son centre dans le Soleil ».

Aristarque de Samos (310-220) avait calculé les distances Terre-Lune et Terre-Soleil par des moyens géométriques, mais les ordres de grandeur sont inexacts, car il ne disposait pas de mesures suffisamment fiables. On ne sait s'il a procédé à des calculs sur l'héliocentrisme.

Pour justifier l'héliocentrisme par des calculs à partir des positions angulaires mesurées des astres, objectif que s'était fixé Copernic, il fallait de solides connaissances en mathématiques. Érudit dans plusieurs disciplines, il avait étudié les mathématiques, l'astronomie, mais aussi le droit canonique, la médecine et le grec. Né à Thorn en 1473, ville de Poméranie polonaise, dans une famille catholique, prêtre puis chanoine[2], neveu d'évêque, il était sans doute destiné à devenir évêque selon la pratique de népotisme répandue à cette époque, mais il ne le devint jamais : ce n'était pas son ambition. Après des études dans la capitale

---

1. Aristarque de Samos, *Traité sur les grandeurs et les distances du Soleil et de la Lune*, traduction du Comte de Fortia d'Urban, Paris, Firmin Didot, 1823, Web Remacle.

2. chanoine : titre honorifique, souvent conseiller des évêques.

Cracovie, il avait fréquenté pendant sept ans les universités italiennes renommées de Padoue et Bologne de 1496 à 1503. « Mon savant maître avait pris en note avec le plus grand soin les observations faites à Bologne, où il fut moins le disciple que l'assistant et le témoin des observations du très savant Dominicus Maria [...]. À Rome en 1500, âgé d'environ 27 ans, il fut professeur de mathématiques devant une large audience d'étudiants et de spécialistes dans cette branche de la science » (Rheticus[3]). On peut le considérer comme l'un des meilleurs mathématiciens de son temps. En 1503 il fut proclamé docteur en droit canon à Ferrare et en 1505 docteur en médecine à Padoue (R. Baillaud). Il a pu nouer des relations avec les élites intellectuelles, peut-être dans la famille Farnèse qui fournira le pape Paul III. Très exigeant intellectuellement, il avait bien explicité que la science était une démarche différente de celle de la religion.

Les savants qui sont aujourd'hui considérés comme les plus grands ont en général bénéficié des avancées de leur prédécesseurs immédiats ou contemporains et ont ainsi fait progresser les connaissances sur leur domaine. Ce fut le cas de Newton, qui a connu les travaux de Copernic, de Kepler et de Galilée, de Pasteur qui a prolongé et expérimenté pour l'homme l'utilisation des vaccins qui étaient réservés jusque-là aux animaux, d'Einstein avec Michelson, Lorentz, Poincaré et Grossmann. Copernic, un peu trop oublié de nos jours, a établi tout seul la mathématique de l'héliocentrisme, sans utiliser des travaux préparatoires d'autres scientifiques et sans l'aide du moindre collaborateur.

Copernic réfute le système de Ptolémée

Copernic rappelle dans le début de son livre *De revolutionibus orbium coelestium* que Ptolémée ne croyait pas à une rotation la Terre en 24 heures :

---

3. Rheticus fut le seul élève de Copernic, il était un mathématicien protestant.

« Si donc, dit Ptolémée d'Alexandrie, la Terre tournait, du moins en une révolution quotidienne, le contraire de ce qui vient d'être vu devrait arriver. En effet, ce mouvement qui, en vingt-quatre heures franchit tout le circuit de la Terre, devrait être extrêmement véhément et d'une vitesse insurpassable. [...] Et depuis longtemps déjà, dit-il, la Terre dispersée aurait dépassé le ciel même (ce qui est parfaitement ridicule) ; à plus forte raison les êtres animés et toutes les autres masses séparées qui aucunement ne pourraient demeurer stables. Mais aussi les choses tombant librement n'arriveraient pas, non plus, en perpendiculaire, au lieu qui leur fut destiné, entre temps retiré avec une telle rapidité de dessous [d'elles]. Et nous verrions également toujours se porter vers l'Occident les nuages, ainsi que toutes les choses flottant dans l'air. » (Copernic De revolutionibus Livre 1 – VII Traduction du latin par Koiré 1934).

Copernic retourna l'argument : en suivant le raisonnement de Ptolémée, les planètes plus éloignées, qui tournent donc beaucoup plus vite, seraient d'année en année propulsées jusqu'à l'infini. Comme ce n'est pas le cas, il y a donc une cause dans la nature, disait Copernic, qui maintient tout en harmonie (ce sont les lois de la dynamique qu'établira Newton).

Les rétrogradations

Il s'agit d'un retour en arrière suivi d'un autre changement de sens que semblent effectuer des planètes lorsque l'on suit leur trajectoire apparente sur plusieurs jours par rapport aux constellations (figure 3). Contrairement au système de Ptolémée, celui de Copernic l'explique simplement (figure 4).

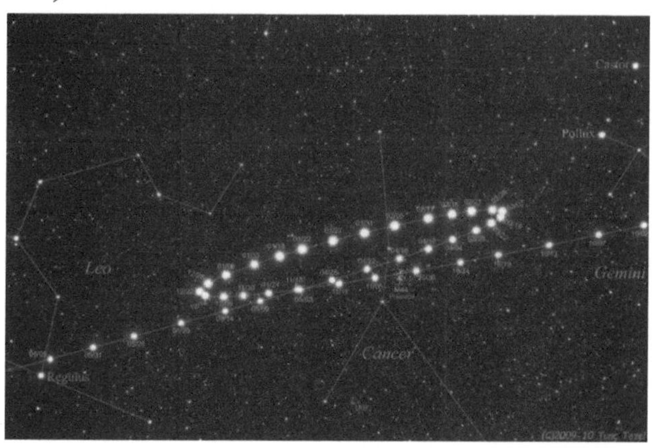

Figure 3. Mars. Visées hebdomadaires, par rapport aux étoiles (photo NASA).

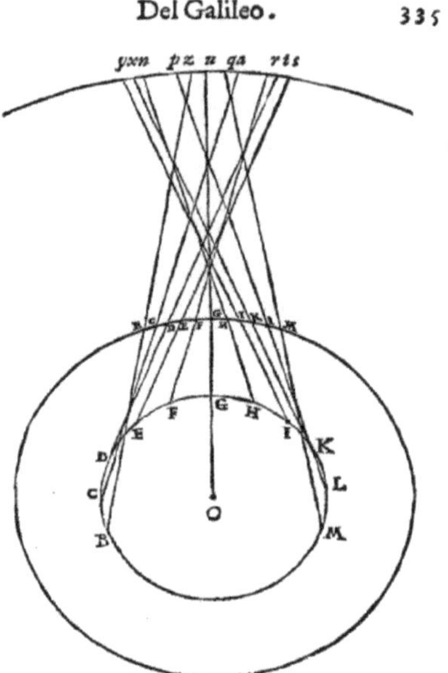

Figure 4. Représentation dans un repère fixe par rapport aux étoiles et au Soleil d'une rétrogradation de Jupiter avec des trajectoires circulaires simplifiées (Galilée, *Dialogo*).

La rétrogradation selon l'héliocentrisme (figure 4) :

Le cercle intérieur représente l'orbite de la Terre ; le cercle intermédiaire, l'orbite de Jupiter ; le cercle extérieur, la position des étoiles fixes (ramenée à un cercle proche).

Les positions successives de la Terre sont B C D E … M. Aux dates correspondantes, Jupiter est en b c d e … m.

La position apparente de Jupiter vue depuis la Terre est donnée par les prolongements aux étoiles du plus grand cercle. Observez l'évolution de Bb,

Cc, etc. jusqu'à Ee sur le cercle des étoiles. À partir de Ff il y a un retour dans le sens contraire sur le cercle des étoiles, c'est le début de la rétrogradation.

Les bases de la théorie de Copernic

Le Soleil est fixe au centre de l'univers. Les étoiles, qui sont extrêmement éloignées des planètes, sont considérées comme fixes (on ne connaissait pas l'existence des galaxies). Tous les mouvements sont décrits par des familles de cercles[4] en rotation uniforme (c'était un principe quasi philosophique). La Terre en plus du mouvement sur son orbite tourne autour de son axe. Sur cette base, les calculs de Copernic permettaient de retrouver les trajectoires apparentes et les positions des planètes observées depuis la Terre en relation avec les mouvements réels autour du soleil. Il se fiait aux tables des grecs découlant des observations pour les données numériques avec leur précision, il ne semble pas avoir procédé lui-même à beaucoup d'observations directes. La supériorité de sa théorie sur celle du géocentrisme est qu'elle explique d'une manière unitaire les phénomènes tels que la rétrogradation des planètes, la variation de l'éclat des planètes par les distances que l'on pouvait comparer, une simplification du traitement (pas d'équant, qui n'a pas de justification), elle respecte l'unité du système planétaire, les mêmes traitements sont appliqués à toute les planètes, y compris la Terre. Le Soleil a un rôle particulier, qui est justifié car on savait depuis l'antiquité que sa taille est très grande par rapport à toutes les planètes et que c'est le seul astre à émettre de la lumière.

Ce que nous voyons depuis la Terre, qui sont des mouvements apparents, résulte des mouvements des planètes autour du Soleil, combinés avec ceux de la Terre (en orbite et autour de son axe). Il est donc nécessaire d'avoir une très bonne connaissance du mouvement de la Terre. Voici ce qu'il en écrivit :

---

4. Copernic a utilisé des épicycles, on le lui a reproché mais l'analyse de Fourier peut justifier cette méthode, au demeurant complexe. Il n'a pas eu recours aux équants de Ptolémée.

TRIPLE MOUVEMENT DE LA TERRE

« Puis donc que les témoignages aussi nombreux et aussi importants des planètes s'accordent avec la mobilité de la Terre, nous allons maintenant exposer ce mouvement d'une façon générale et montrer jusqu'à quel point les phénomènes s'expliquent par ce mouvement admis comme hypothèse. Il faut, en général, admettre un triple.

Le premier, que nous avons dit être appelé par les Grecs νυχθημερινὸν, est le circuit propre du jour et de la nuit, qui se fait de l'Occident en Orient autour de l'axe de la terre – comme on croit que le monde se porte en sens contraire – en décrivant le cercle équinoxial [l'équateur] que certains, imitant l'expression des Grecs, chez lesquels il s'appela ἰσημερινὸς, dénomment équidial.

Le second est le mouvement annuel du centre qui, avec tout ce qui se rattache à lui, décrit autour du Soleil le cercle du zodiaque [l'écliptique] ; c'est également un mouvement droit, c'est-à-dire, allant de l'Occident en Orient, et il a lieu, ainsi que nous l'avons dit, entre Vénus et Mars. Par quoi il se fait que le Soleil lui-même semble parcourir le zodiaque d'un mouvement semblable ; ainsi, par exemple, lorsque le centre de la Terre traverse le Capricorne, le Verseau, etc., le Soleil semble passer par le Cancer, le Lion et ainsi de suite, comme nous l'avons dit. Il faut savoir que l'équateur et l'axe de la Terre ont une inclination variable par rapport au cercle et au plan de l'écliptique. Car s'ils restaient fixes et ne faisaient que suivre simplement le mouvement du centre, il n'y aurait aucune inégalité entre les jours et les nuits, mais il y aurait toujours soit l'équinoxe, soit le solstice, soit le jour le plus court, soit l'été, soit l'hiver, soit n'importe quelle autre saison toujours la même.

Suit donc un troisième mouvement de la déclination, révolution annuelle également, mais dans le sens contraire à celle du centre. C'est ainsi, par suite de ces deux mouvements presqu'égaux entre eux, mais de *sens contraire, que l'axe de la Terre et donc le plus grand des cercle de ce mouvement du centre de la Terre, le Soleil est vu se mouvoir sur l'obliquité de l'écliptique, exactement parallèles, l'équateur, regardent vers presque la même partie du monde, comme s'ils étaient immobiles...* [ce mouvement maintient l'axe de la Terre toujours dans la même direction par rapport aux étoiles, plus tard on l'intégrera au mouvement précédent dans la dynamique de Newton] *» (De revolutionibus orbium coelestium, Chapitre XI).*

Planètes

Dans sa démarche, en partant des mouvements de la Terre, Copernic put remonter à ceux des planètes par rapport au Soleil et aux étoiles fixes. Toutes les trajectoires circulaires centrées sur le Soleil devaient être corrigées[5] par d'autres cercles épicycles, tous parcourus en vitesse uniforme comme c'était un principe à cette époque (figures 5). On ne connaissait l'existence que de cinq planètes, outre la Terre, (figure 6), les planètes intérieures, c'est-à-dire Mercure et Vénus situées entre le Soleil et la Terre, et trois planètes extérieures, Mars, Jupiter et Saturne.

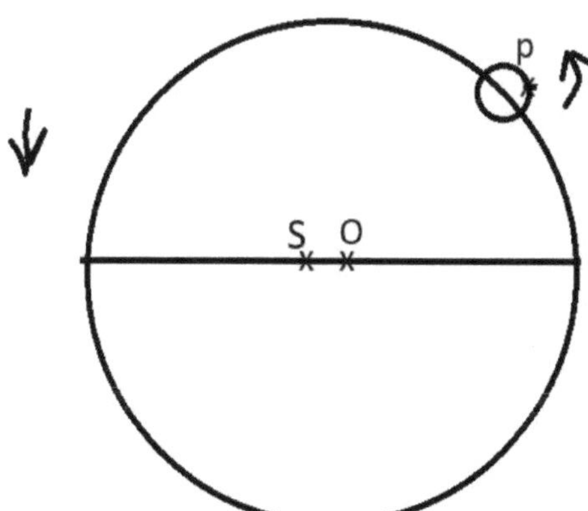

---

5. On sait depuis Kepler que c'est parce que les trajectoires sont des ellipses.

Figure 5 (page précédente). Épicycle et déférent de Mars (qui est la planète ayant la plus grande excentricité des planètes extérieures) dans un repère héliocentrique de Copernic.

S : Soleil, O : centre du grand cercle (déférent de Mars, environ 1,5 du rayon de l'orbite terrestre). Distance SO = 15 % du rayon du déférent.

P : planète Mars, le rayon de l'épicycle n'est pas à l'échelle, il vaut environ 5 % du rayon du grand cercle (1/3 de OS). La vitesse de rotation angulaire de P sur le petit cercle est double de celle du petit cercle sur le grand. Si on respectait l'échelle vraie, l'épicycle disparaîtrait presque). Dans la première publication *Commentariolus*, le déférent n'était pas décalé, cela imposait un second épicycle. Se contenter seulement d'un grand cercle centré sur la Terre constitue une assez bonne approximation.

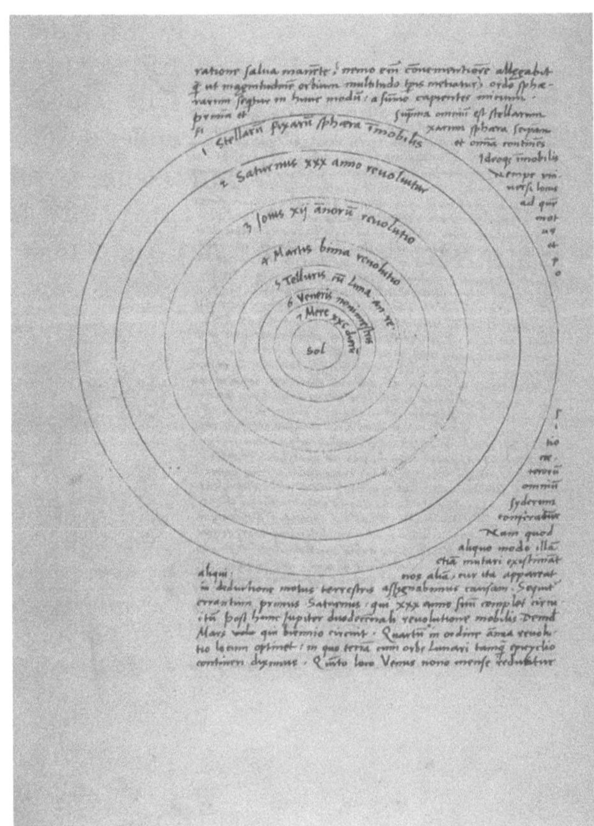

Figure 6. Succession des orbites principales, hors échelle (Copernic, *De revolutionibus orbium coelestium*).

Périodes sidérales

La période (ou année) sidérale est la durée que met une planète pour décrire une orbite complète (par rapport aux étoiles fixes). Elle est calculable, les valeurs obtenues par Copernic sont très proches des valeurs actuelles.

Distances

Le modèle de Copernic permet de calculer les rayons des orbites des planètes, en proportion de la distance Terre-Soleil (tableau 1).

Distance moyenne au Soleil en UA[6] :	Selon Copernic	Valeurs actuelles
Mercure	0,38	0,39
Vénus	0,72	0,72
Mars	1,52	1,52
Jupiter	5,22	5,20
Saturne	9,07	9,54

Tableau 1. (Morando)

Précession des équinoxes

Indépendamment du mouvement apparent de la voûte des étoiles en 24 heures, Hipparque avait observé un autre mouvement très lent (d'après les tables d'observation des Chaldéens sur de très longues durées, que l'on ne possède plus).

En comparant ses repérages d'étoiles à celles de ses prédécesseurs, Copernic calcula 25816 années égyptiennes (Copernic *Narration prima*), pour une rotation complète. Copernic l'interpréta comme un mouvement lent de l'axe de rotation de la Terre, c'est la précession des équinoxes.

---

6. UA : unité astronomique, longueur sensiblement égale à la distance moyenne Terre-Soleil.

Les mouvements circulaires uniformes

Copernic interpréta tous les mouvements célestes comme circulaires, ce qui l'obligeait à utiliser des épicycles (figure 7) ; il faudra attendre Kepler pour les décrire d'une manière plus simple comme des ellipses.

Néanmoins, on peut déduire de l'analyse de Fourier, au XIXe siècle, que les mouvements périodiques dans un plan peuvent être calculés comme la superposition de mouvements circulaires de fréquence multiple de la plus faible, le déférent, c'est ce que fit Copernic en se limitant à la première harmonique.

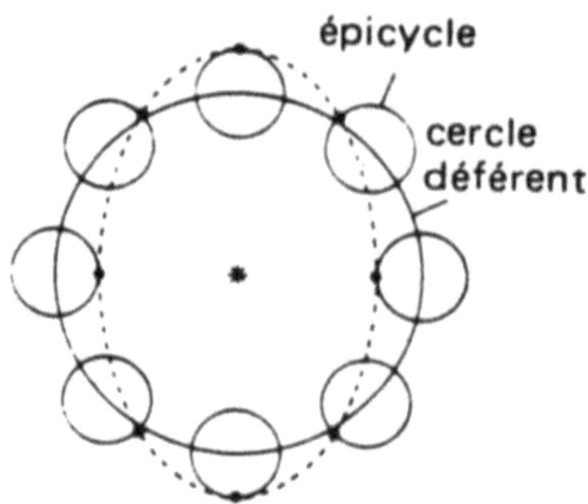

Figure 7. Épicycle et déférent, trajectoire en pointillés (Gabriel).

Avantages

La connaissance des positions apparentes (angulaires) des astres observées depuis la Terre était suffisante pour la navigation, les dates des saisons, l'astrologie, la durée des périodes synodiques des planètes, etc., c'était aussi ce qu'apportait le géocentrisme de Ptolémée. Était-il donc nécessaire de connaître l'héliocentrisme, en dehors de la réponse qu'il apportait à la curiosité ? Pour prévoir les positions des planètes par rapport à la Terre (l'astrologie), il fallait ajouter aux mouvements héliocentriques un traitement géométrique, encore des cercles, au total presque autant qu'avec Ptolémée. Il y avait cependant un gros avantage :

les principes de calculs étaient simples et cohérents, les résultats étaient plus fiables, notamment pour les deux planètes intérieures Mercure et Vénus, et les traitements mathématiques et géométriques plus rationnels. Cela ouvrira la voie à la théorie gravitationnelle de Galilée et Newton. L'utilisation de la cosmologie de Ptolémée était beaucoup plus complexe.

Un aspect économique n'était pas négligeable pour ceux qui utilisaient la théorie de Copernic : le calcul des positions des planètes pour l'astrologie commandée par les princes fournissait des ressources à certains mathématiciens. Tout cela pouvait répondre aux attentes d'astronomes et mathématiciens, mais comportait un inconvénient : il impliquait le rejet des concepts culturels admis ; qui aurait le courage de s'opposer au grand Aristote dont la philosophie était adoptée depuis des siècles par le monde universitaire ?

<h1 style="text-align:center">La diffusion de l'héliocentrisme</h1>

Commentariolus

Copernic informa de ses travaux quelques savants amis, notamment le plus proche Tiedemann Giese, qui fut chanoine en même temps que lui et devint évêque de Kulm. Il diffusa entre 1511 et 1514 un petit commentaire intitulé *De Hypothesibus Motuum Coelestium a se Contitutis Commentariolus* (connu sous le titre de *Commentariolus)*. L'université de Cracovie en a possédé une copie manuscrite.

En une vingtaine de pages, Copernic présente d'abord les raisons mathématiques qui l'ont poussé à réaliser son modèle : les faiblesses du système géocentrique, « une théorie qui [lui] semblait ni suffisamment achevée ni suffisamment accordée à la raison ». Il a cherché « un système plus rationnel, d'où toute irrégularité apparente découlerait ». Il réussit « à résoudre ce problème extrêmement difficile et presque inextricable » à partir de quelques postulats qui reviennent à prendre en compte que les mouvements observés sont en grande part dus aux mouvements de la Terre, qui n'est pas le centre de l'univers. Il publia ses résultats « pour faire bref en omettant les démonstrations mathématiques destinées à un ouvrage plus ample ». Il y fait la description des mouvements dans le repère du Soleil et des étoiles fixes, avec des valeurs numériques pour les durées de révolution, les tailles des orbites, les angles des plans et des axes.

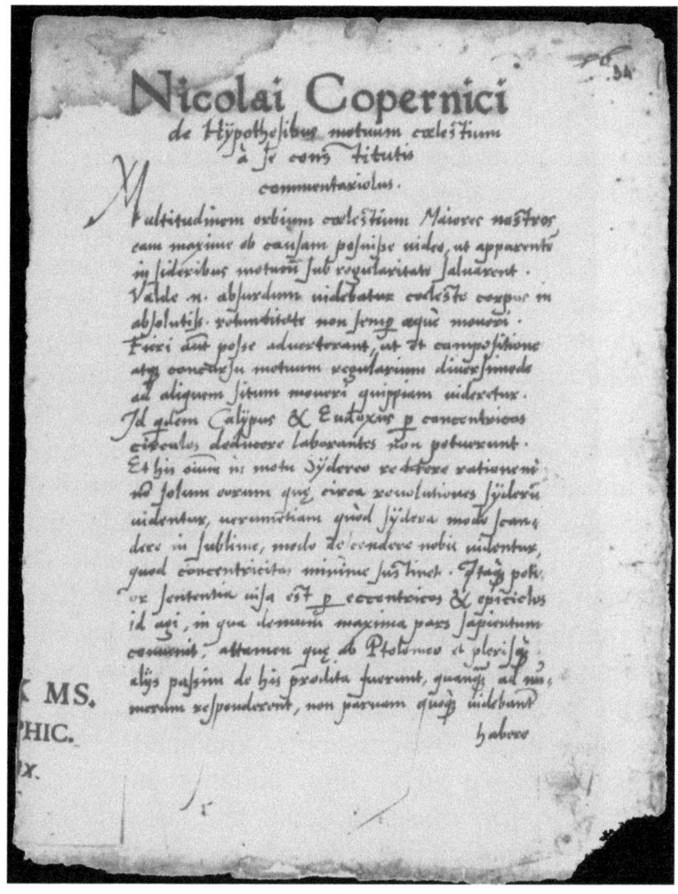

Figure 8. Première page du *Commentariolus* de Copernic.

Narratio prima

La nouvelle de la démonstration de l'héliocentrisme par Copernic se répandit dans l'Europe du Nord, catholique ou protestante, auprès des mathématiciens et astronomes, car cela répondait à leurs attentes. L'un d'eux, Georg Joachim Rheticus (1514-1574), jeune mathématicien protestant devint son unique élève pendant deux ans. « Lorsqu'enfin j'eus entendu parler de la réputation considérable du docteur Nicolas Copernic dans les régions septentrionales, bien qu'à ce moment-là l'Université de Wittenberg m'eût nommé professeur public dans ses disciplines, je pensai pourtant que je ne devais avoir de cesse que je n'eusse appris quelque chose de son enseignement. » Rheticus s'est acquis la célébrité en rédigeant le premier ouvrage de la nouvelle astronomie, intitulé *Narratio prima,* publié en 1540 sous la forme d'un exposé adressé au cardinal Schöner, c'était trois ans avant la publication du traité complet de Copernic[7] dont il avait « étudié à fond les trois premiers livres ». L'ouvrage de Rheticus, environ 80 pages au format actuel, fut d'abord édité à Gdansk, au début de l'année 1540, par les soins du secrétaire de Rheticus, Heinrich Zeli (1518-1568). Cette première édition, qui ne nomme Copernic que par « mon savant maître » fut suffisamment bien accueillie pour que parût dès l'année suivante, à Bâle, une deuxième édition, cette fois-ci par les soins du physicien Achille Gassarus. Le monde savant était en possession des éléments de base de la théorie de Copernic. Les premières réactions furent très favorables, ainsi Erasmus Reinhold[8] exprimera l'espoir de voir l'astronomie restaurée par celui qu'il appelle un nouveau Ptolémée (d'après A. Koyré 1934). Ces astronomes appartenaient à l'université allemande luthérienne de Wittenberg (Saxe) créée par Mélanchton, collaborateur de Luther.

La *Narratio prima* expose en détail les bases de la méthode de Copernic et les justifications à partir des observations :

« Premièrement, la précession indubitable des équinoxes et la variation de l'obliquité de l'écliptique ont conduit mon maître à admettre que la mobilité de la Terre pouvait produire la plupart des apparences célestes ou, du moins, les sauver de façon très satisfaisante.

---

7. *De revolutionibus orbium coelestium* 2700 pages (Des révolutions des orbes célestes (ou des sphères célestes), publié à Nüremberg 1543).

8. V. *Theoricae Novae planetarum Georgii Purbarch ab R. Reinholdo... auctae,* Parisiis, 1552, préface.

… En sixième et dernier lieu, ceci surtout a déterminé mon savant maître : il voyait la cause principale de toute incertitude en astronomie dans le fait que (puisse le divin Ptolémée, père de l'astronomie, me permettre de le dire) les savants en cette science ont mis peu de rigueur à conformer leurs théories et leur modes de correction du mouvement des corps célestes à cette règle qui veut que l'ordre et les mouvements des orbes célestes constituent un système absolument parfait.

… Aristote dit : "Ce qui est cause de la vérité qui réside dans les êtres dérivés est la vérité par excellence". C'est ainsi que mon maître a jugé qu'il devait adopter des hypothèses qui contiennent les raisons capables de confirmer la vérité des observations des siècles précédents, et qui, comme il faut l'espérer, soient cause qu'à l'avenir toutes les prédictions astronomiques sur les apparences soient vraies ». (*Narratio prima*)

Georg Joachim
Rheticus

À son retour à Wittenberg en octobre 1541, Rheticus reprit son enseignement de mathématique et d'astronomie, sans avoir à souffrir de son éloge de la théorie copernicienne. Il fut même élu doyen ; toutefois, il n'enseignera pas l'astronomie copernicienne et son cours sera consacré à l'astronomie d'al-Farghani et à l'Almageste de Ptolémée.

La diffusion de l'héliocentrisme est donc assurée à cette époque auprès des savants, mais on ne l'enseigna pas dans les universités où l'on professa encore le géocentrisme de Ptolémée. En France, Montaigne en 1533 connaissait déjà la théorie de Copernic et y était favorable. La liberté des chercheurs était assurée, même pour diffuser des interprétations différentes de celles des institutions, de nos jours la situation est assez différente dans la recherche.

En Italie

Des membres éminents de la hiérarchie catholique étaient ouvertement favorables à l'héliocentrisme de Copernic et l'avaient pressé de publier ses travaux. Il fut réticent pendant plus de trente ans ; sa première publication, en latin, avait atteint l'Italie. Les papes de la Renaissance encourageaient les arts et les sciences. Clément VII[9] avait été informé des travaux de Copernic par son secrétaire particulier, à qui il offrit en reconnaissance en 1533 un manuscrit grec. En 1536, le cardinal-archevêque de Capoue Nikolaus von Schönberg pressa Copernic de publier ses recherches :

Nicolas Schönberg Cardinal de Capoue, à Nicolas Copernic.

Comme depuis quelques années déjà je n'entendais de toute part que des louanges de ton génie, je commençai de t'avoir en haute estime, et d'en féliciter nos contemporains parmi lesquels tu te couvres d'une telle gloire. Car j'ai appris que, non seulement tu connais admirablement les découvertes des anciens mathématiciens, mais que même tu as constitué une nouvelle doctrine du monde, selon laquelle la Terre se meut tandis que le Soleil occupe le lieu le plus bas et, par conséquent, le plus central de l'Univers ; que le huitième ciel demeure fixe et éternellement immobile ; et que la Lune, avec les éléments inclus dans sa sphère, se meut autour du Soleil en un parcours annuel situé entre les cieux de Mars et de Vénus ; que de tout ce système astronomique tu as composé des Commentaires et, ayant soumis au

---

9. De Médicis. Mécène, il fit réaliser le plafond de la Sixtine par Michel-Ange, il rédigea des commentaires d'Hippocrate.

calcul les mouvements des astres errants, composé des tables à la grande admiration de tous. C'est pourquoi, homme très docte, je te demande de la manière la plus instante — à moins que je ne t'importune — de communiquer aux savants cette tienne découverte, et de m'envoyer aussi rapidement que possible les fruits de tes méditations nocturnes sur la sphère du monde, avec les tables, et tout ce que tu pourrais avoir encore concernant ce sujet. Et j'ai chargé Théodore de Reden de faire copier tout cela et de me le faire envoyer à mes frais. Et si tu veux faire ainsi que je le désire, tu verras que tu as affaire à un homme qui tient ton nom en très haute estime et qui est plein de désir de rendre justice à ton génie. Au revoir.

Rome, le 1er novembre 1536.

Copernic avait refusé pendant 36 ans de publier la somme de ses travaux, mais il céda finalement à la demande du Cardinal et consacra le livre au nouveau pape Paul III, avec une préface dans laquelle il explique les réticences qu'il avait eues quant à la publication :

Extrait de la préface de Copernic :

AU TRÈS SAINT PÈRE LE PAPE PAUL III

Je puis fort bien m'imaginer, Très Saint Père, que, dès que certaines gens sauront que, dans ces livres que j'ai écrits sur les révolutions des sphères du monde, j'attribue à la Terre certains mouvements, ils clameront qu'il faut tout de suite nous condamner, moi et cette mienne opinion. Or, les miennes ne me plaisent pas au point que je ne tienne pas compte du jugement des autres. Et bien que je sache que les pensées du philosophe ne sont pas soumises au jugement de la foule, parce que sa tâche est de rechercher la vérité en toutes choses, dans la mesure où Dieu le permet à la raison humaine, j'estime néanmoins que l'on doit fuir les opinions entièrement contraires à la justice et à la vérité. C'est pourquoi, lorsque je me représentais à moi-même combien absurde vont estimer cette ἀκρόαμα ceux qui savent être confirmée par le jugement des siècles l'opinion que la Terre est immobile au milieu du ciel comme son centre, si par contre j'affirme que la Terre se meut : je me demandais longuement si je devais faire paraître mes commentaires, écrits pour la démonstration de son mouvement ; ou, au contraire, s'il n'était pas mieux de suivre l'exemple des Pythagoriciens et de certains autres, qui – ainsi que le témoigne l'épître de Lysis à Hipparque – avaient l'habitude de ne transmettre les mystères de la philosophie qu'à leurs amis et leurs proches, et ce non par écrit, mais oralement seulement.

Et il me semble qu'ils le faisaient non point, ainsi que certains le pensent, à cause d'une certaine jalousie concernant les doctrines à communiquer, mais afin que des choses très belles, étudiées avec beaucoup de zèle par de très grands hommes, ne soient pas méprisées par ceux à qui il répugne de consacrer quelque travail sérieux aux lettres – sinon à celles qui rapportent –, ou encore par ceux qui, même si par l'exemple et les exhortations des autres ils étaient poussés à l'étude libérale de la philosophie, néanmoins, à cause de la stupidité de leur esprit, se trouvent être parmi les philosophes comme des frelons parmi les abeilles. Comme donc j'examinais ceci avec moi-même, il s'en fallut de peu que, de crainte du mépris pour la nouveauté et l'absurdité de mon opinion, je ne supprimasse tout à fait l'œuvre déjà achevée[10].

Mes amis cependant m'en détournèrent, moi qui longtemps hésitai et même leur résistai. Et parmi eux le premier fut Nicolas Schönberg, cardinal de Capoue, célèbre dans tous les domaines du savoir, ensuite Tiedemann Giese, évêque de Culm, qui m'aimait beaucoup, homme plein de zèle pour les choses sacrées et toutes les bonnes sciences. Celui-ci notamment, m'avait fréquemment exhorté et même m'avait poussé par des reproches maintes fois exprimés, à éditer ce livre et à

---

10. *De Revolutionibus*, dont l'élaboration s'était poursuivie pendant de longues années, a été terminée en 1529 au plus tôt, vu que Copernic y fait état d'observations faites en cette année (v. *De Revolunibus orbium coelestium*, éd. De Thorn, 1873, p.xvii) et en 1531 au plus tard, vu que les observations faites en 1532 (détermination de l'apogée de Vénus), que Copernic a notées sur une feuille insérée dans son exemplaire de la *Tabula Directionum* de Regiomontanus, n'y sont pas utilisées. V. Curtze, *Reliquioe Copernicaoe*, p. 29.

faire voir le jour à l'œuvre qui était demeurée cachée chez moi non pas neuf ans seulement, mais déjà bien près de quatre fois neuf ans.

Ce que me demandèrent également plusieurs autres personnes éminentes et fort savantes, m'exhortant de ne plus me refuser – à cause des craintes que je concevais – de faire paraître mon œuvre pour le plus grand profit de tous ceux qui s'occupent de mathématiques. Et peut-être, aussi absurde que ma théorie du mouvement de la Terre ne paraisse aujourd'hui à la plupart, elle n'en provoquera que d'autant plus d'admiration et de reconnaissance lorsque, par suite de la publication de mes commentaires, ils verront les nuages de l'absurdité dissipés par les plus claires démonstrations. C'est par de telles persuasions et par de tels espoirs que je fus amené à permettre enfin à mes amis de faire l'édition de mon œuvre qu'ils m'avaient longtemps réclamée...

C'est un éditeur luthérien qui le fera imprimer à Nuremberg en 1543, peu de temps avant la mort de Copernic (voir annexe p 176).

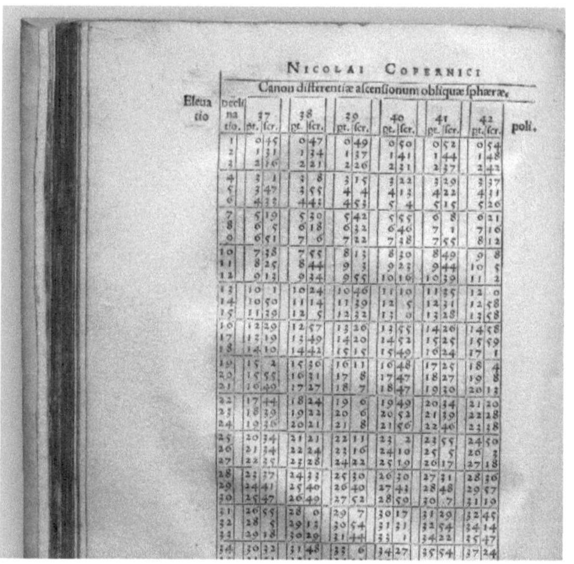
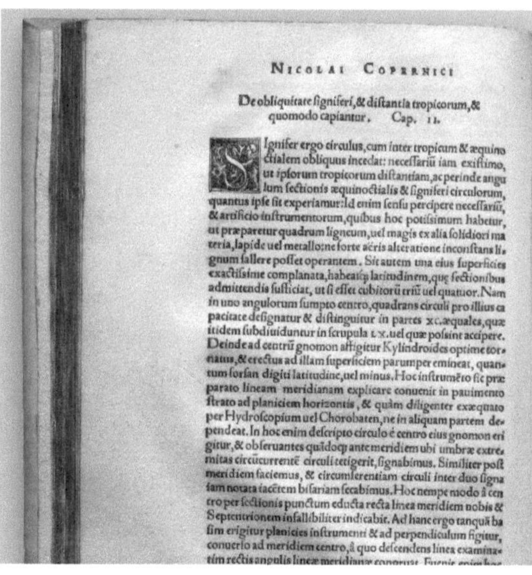

Figure 9. *De Revolutionibus*

29

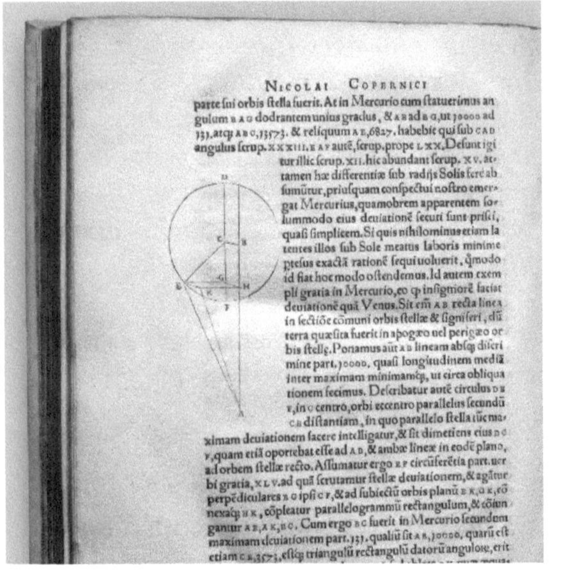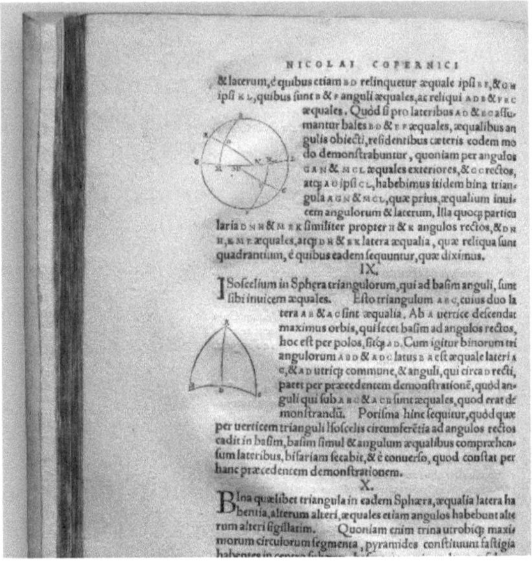

Figures 9. *De Revolutionibus*

Copernic mourut au moment de la parution. Il avait continué à participer à la gestion du diocèse et pratiquer la médecine. Sa réputation de médecin avait même franchi les limites de son diocèse : une correspondance montre que le duc Albert, grand maître des chevaliers Teutoniques, avait eu recours à lui en 1541, dans une maladie grave de l'un de ses conseillers, le priant d'accorder « ses bons conseils et avis à son serviteur pour le guérir avec l'aide de Dieu. » Copernic, âgé de soixante-neuf ans, se rendit immédiatement aux prières du duc ; il resta près d'un mois auprès de lui et continua, même longtemps après, à envoyer par écrit ses conseils au malade (d'après Bertrand)[11].

11.   Joseph Bertrand. Les Fondateurs de l'astronomie moderne : Copernic, Tycho Brahé, Képler, Galilée, Newton, Hetzel 1865.

Alors que l'héliocentrisme rencontrait du soutien dans la hiérarchie catholique, les maîtres de la religion réformée le rejetèrent, s'aidant d'un passage de la bible qui selon eux sous-entend un mouvement du Soleil :

« Alors Josué parla à l'Éternel, le jour où l'Éternel livra les Amoréens aux enfants d'Israël, et il dit en présence d'Israël : Soleil, arrête-toi sur Gabaon, Et toi, Lune, sur la vallée d'Ajalon ! Et le Soleil s'arrêta, et la Lune suspendit sa course, jusqu'à ce que la nation eût tiré vengeance de ses ennemis. Cela n'est-il pas écrit dans le livre du Juste ? Le Soleil s'arrêta au milieu du ciel, et ne se hâta point de se coucher, presque tout un jour » (Josué 10, 12-13) .

Enseigner que la Terre tournait autour du Soleil immobile risquait de faire douter de la bible, qui constituait l'élément de base de la croyance luthérienne. Les personnes instruites avaient certainement conscience que le texte de Josué ne devait pas être interprété à la lettre, et que tout mouvement est relatif, mais quel effet cela aurait-il sur les simples fidèles si l'héliocentrisme se répandait ? L'attitude des autorités fut la suivante : Mélanchton, collaborateur de Luther et créateur de l'université luthérienne, loua les calculs de Copernic mais interdit qu'on les utilisât comme preuve, seulement comme hypothèse de travail : « le psaume affirme très clairement que le Soleil se meut ». Mais on pouvait utiliser les travaux de Copernic pour construire des tables. Mélanchton plaça Copernic parmi les tous premiers rénovateurs de l'astronomie, qualifié même de « second Ptolémée » (1550).

On prête à Luther (1483-1546) des propos condamnant Copernic en 1539. Leur authenticité n'est pas garantie, il s'agirait de propos tenus au réfectoire ou en voyage, rapportés par des sources indirectes, vingt ans après sa mort. Il n'est pas certain qu'il ait été aussi catégorique :

« On mentionna un nouvel astronome qui voulait prouver que la Terre est mue et qu'elle tourne, et non pas le ciel ou le firmament, ni le Soleil et la Lune, exactement comme quelqu'un qui, entraîné et mû par le chariot ou le navire sur lequel il se trouverait, penserait être assis, immobile et en repos, tandis que la Terre et les arbres bougeraient et seraient mus. Mais maintenant, c'est comme ça : quiconque veut être malin, rien ne doit lui plaire de ce que les autres font : il doit faire quelque chose de singulier, et qui doit être meilleur que tout, comme le fait celui-là. Ce fou veut mettre sens dessus dessous tout l'art de l'astronomie. Mais comme nous le dit l'Écriture sainte, Josué ordonna au Soleil de s'arrêter, et non pas à la Terre. » (attribué à Luther.)

Calvin (1509-1564) condamna violemment le système de Copernic (sans le nommer) : « Nous en verrons d'aucuns si frénétiques, non pas seulement en la religion, mais pour montrer par tout qu'ils ont une nature monstrueuse, qu'ils diront que le Soleil ne se bouge, et que c'est la Terre qui se remue et qu'elle tourne. Quand nous voyons de tels esprits, il faut bien dire que le diable les ait possédés, et que Dieu nous les propose comme des miroirs, pour nous faire demeurer en sa crainte » (Calvin 8ᵉ sermon sur la première épître aux Corinthiens).

C'est néanmoins un théologien luthérien célèbre, Osiender, qui écrivit dans la préface du *De revolutionibus* une ferme critique du système de Ptolémée : « À moins que quelqu'un ne soit tellement ignorant en optique et en géométrie qu'il tienne l'épicycle de Vénus pour vraisemblable et le croit être la cause pour laquelle Vénus – de quarante parts de cercle et même davantage – tantôt suit, tantôt précède le Soleil. Qui ne voit cependant que, ceci étant admis, il s'en suivrait nécessairement que, dans le périgée, le diamètre de l'étoile devrait apparaître comme plus de quatre fois – et le corps même comme plus de seize fois – plus grand que dans l'apogée ? À quoi cependant s'oppose toute l'expérience des siècles. Il y a dans cette science d'autres choses non moins absurdes qu'il n'est pas nécessaire d'examiner ici. »

Les tables dérivées du système géocentrique de Ptolémée ne correspondaient pas aux observations simples que l'on peut faire de la planète Vénus, ce qui posait tout de même un problème pour les astrologues. Renommé pour sa grande habileté à calculer, E. Reinhold était de taille à utiliser l'œuvre de Copernic ; il sera le premier astronome à établir et publier des tables astronomiques pruténiques (c'est à dire de Prusse) fondées sur le *De revolutionibus*. Ces tables, qui paraîtront en 1551, seront la dernière œuvre éditée de Reinhold, mais l'on sait qu'il avait en chantier plusieurs ouvrages pour lesquels l'empereur Ferdinand avait accordé un privilège en 1549 : parmi ceux-ci était prévu un commentaire sur *De revolutionibus* (Verdet)[12].

---

12. Verdet Jean Pierre. La diffusion de l'héliocentrisme. In: *Revue d'histoire des sciences*, tome 42, n°3, 1989. pp. 241-253.

Tycho Brahe

Chapitre 2

Un grand ingénieur, Tycho Brahe (1546-1601)

Peu de temps après la mort de Copernic, naquit, au château de Knudstrup dans le royaume luthérien du Danemark, le plus fameux en son temps astronome de la Renaissance, Tycho Brahe. Il fit ses études à l'université luthérienne de Copenhague, puis en Allemagne au cours de divers voyages.

Il se distingua pour ses talents de mise au point d'instruments d'observations astronomiques. En 1570, il fit construire à Augsbourg en Bavière un quadrant de 5,5 m, le plus grand du monde, pour le pointage des positions des planètes et des étoiles (figure 10).

Figure 10. Grand quadrant (rayon 5,5 m) selon un plan de Tycho Brahe, 1570.

35

Le roi Frédéric II du Danemark connaissait la famille aristocratique de Tycho Brahe, et ses talents en astronomie. Il lui octroya d'énormes moyens financiers pour concevoir le plus grand observatoire du monde et y effectuer les observations les plus nombreuses et les meilleures de tous les temps. Il mit à sa disposition l'île de Ven. Tycho y fit construire de 1576 à 1580, au point le plus haut de l'île, un grand observatoire (figure 11) qu'il nomma *Uraniborg*, ce qui signifie palais d'Uranie, la muse de l'astronomie et l'astrologie.

Figure 11. Observatoire souterrain Uraniborg

Le roi finança ses activités pendant vingt années avec 100 000 thalers, soit environ 13 millions d'euros de 2020. Tycho bénéficiait aussi de deux jours de corvée par semaine des habitants de l'île, qui s'en sont plaints, car il n'était pas accommodant. Il eut 37 collaborateurs, 50 élèves. Son observatoire atteint la sensibilité en mesures angulaires de 2 minutes d'angle, c'était 10 fois meilleur que ce que l'on faisait alors. La quantité de travaux effectués et leur qualité étaient remarquables pour l'époque.

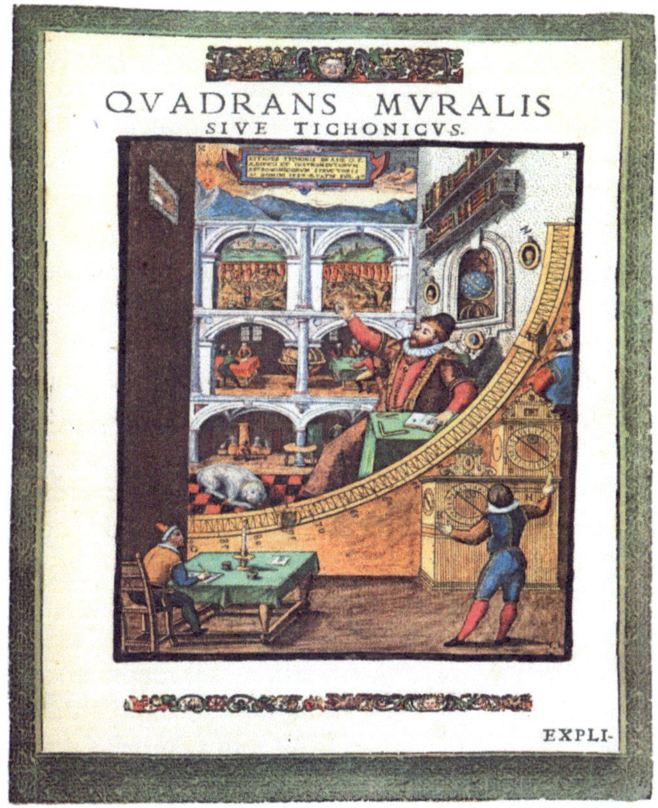

Figure 12. Quadrant mural, Uraniborg (Tycho Brahé, Astronomiae instauratae mechanica et Bibliothèque de l'Observatoire de Paris)

Il disposait aussi d'un laboratoire d'Alchimie, « les substances traitées ont quelque analogie avec les corps célestes et leurs influences, raison pour laquelle j'ai l'habitude de qualifier cette science d'astronomie terrestre. »

Tycho Brahe devint pendant plus d'un siècle le savant le plus célèbre d'Europe, une sorte d'Einstein de l'époque, il refusait l'héliocentrisme ; Copernic et Galilée étaient inconnus du plus grand nombre.

Cet astronome était fidèle au luthéranisme dans un royaume luthérien, il rejetait l'héliocentrisme comme cosmologie, mais le respectait comme outil de calcul, et l'avait même diffusé, et il ne voulait pas qu'on l'oublie : en 1596, dans sa correspondance astronomique, il rappelle qu'« un petit traité de Copernic sur les hypothèses qu'il a formulées m'a été donné en manuscrit, il y a quelque temps à Ratisbonne par Thaddeus Hagecius, homme très distingué qui m'est lié d'une amitié de longue date. Par la suite, j'ai envoyé ce traité à certains mathématiciens d'Allemagne. Je signale ce fait afin que les personnes entre les mains desquelles cet écrit parviendrait puissent en connaître la provenance. » Tycho Brahe conçut un système astronomique, sorte de synthèse acceptable par les autorités luthériennes, qui plaçait la Terre au centre du monde, le Soleil tournant autour, mais les autres planètes tournaient autour du Soleil. Cet artifice, qui ne correspond pas à la réalité, mais permettait des calculs pour l'astrologie, eut beaucoup de succès et fut largement enseigné ; il est appelé géo-hélio-centrisme (figure 13). D'autres astronomes moins connus l'avaient envisagé, peut être avant lui.

Voici quelles étaient ses justifications : il reconnaissait que tous les calculs de Copernic était justes. « Mais il [Copernic] attribue à la Terre, à ce corps grossier, paresseux, inhabile au mouvement, un mouvement tout aussi rapide qu'à ces flambeaux éthérés » (Tycho Brahe)[13]. Il justifiait la fixité de la Terre par l'absence d'effet de parallaxe[14] dans la visée des étoiles (fixes), qu'il considérait comme assez peu éloignées de la planète la plus éloignée, Saturne. Tycho calculait les diamètres angulaires des

---

13. Tycho Brahe. Opera omnia, vol. 4.
14. Selon lequel les directions de visée vers un corps fixe (étoile) devraient changer selon les positions de la Terre dans l'année.

étoiles d'une manière inexacte car il ne tenait pas compte du scintillement qui l'aurait obligé d'utiliser une méthode différente de celle employée pour les planètes[15]. C'était une énorme erreur, que n'avait pas faite Copernic, que Tycho avait pourtant lu. Dans *De revolutionibus Livre 1 ch X,* Copernic rappelait que l'éclat des planètes, y compris Saturne, varie suivant l'inclinaison où elles sont visées et que « par contre rien de tel n'apparaît chez les [étoiles] fixes, [cela] prouve leur hauteur immense ». Copernic ajoutait que « le scintillement de leurs lumières démontre qu'il y a encore un grand espace entre la plus haute des planètes, Saturne, et la sphère des fixes. C'est par cet indice-ci qu'elles se distinguent profondément des planètes, puis donc qu'il convient qu'entre les mues et les non mues il y ait la plus grande différence ». Copernic n'avait pas nié que les étoiles puissent avoir un mouvement par rapport au Soleil, mais disait qu'il est absolument imperceptible à cause de la distance.

---

15. Étant donné la grande distance, il est impossible avec une lunette de voir le diamètre d'une étoile.

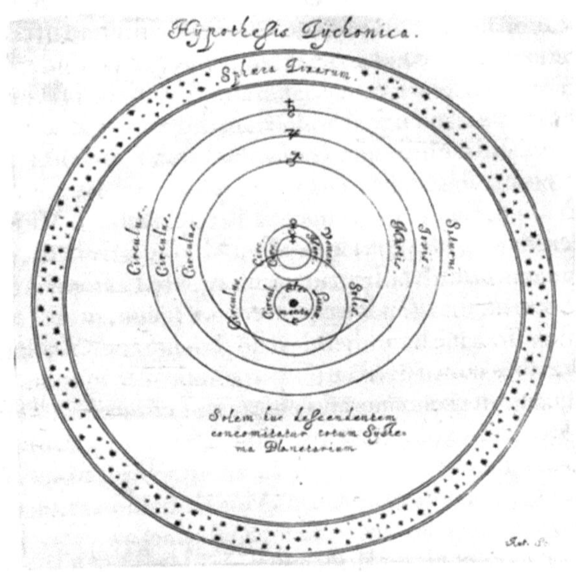

Iam, quod hypothefin Pythagoricam attinet, huic
mnes Pythagoræi, inprimis Philolaus Crotoniata, Arift:
Samius, Plato in Senectute, & alii permulti fuerunt addi

Fig.13

À la fin de sa vie, Tycho Brahe protégea son élève Kepler, qui était adepte de l'héliocentrisme, il lui légua tous ses documents et lui confia son héritage intellectuel « Ne frustra vixisse videar ! » (débrouille-toi pour que je ne paraisse pas avoir vécu en vain !). Doutait -il ?

Après qu'il eut quitté le Danemark, parce qu'il ne bénéficiait plus de financement par le nouveau roi, il était devenu le mathématicien impérial de Rodolphe II Empereur du Saint Empire, Roi de Bohème et d'Autriche, catholique et mécène (Caravage...). Ceci peut expliquer cela : lorsque des travaux de recherche sont financés par des puissances, il n'est pas possible de contredire leurs croyances ; ainsi le roi du

Danemark imposait un luthéranisme absolu, son père avait expulsé de son royaume le clergé catholique et confisqué ses biens. Quand Tycho protégea Kepler adepte de l'héliocentrisme, il ne travaillait plus pour un monarque luthérien, mais pour l'Empereur catholique.

À Prague

Johannes Kepler

Chapitre 3

Johannes Kepler (1571-1630)

Sensibilisé à l'observation des étoiles par ses parents, ce jeune allemand étudia plusieurs disciplines à l'université de Tübingen et suivit les cours d'astronomie du mathématicien luthérien réputé Michael Maestlin, qui était obligé d'enseigner le système géocentrique de Ptolémée alors qu'il était un admirateur de l'héliocentrisme de Copernic. « C'est, dit-il, après de profondes réflexions et soutenu par l'autorité de mon maître Maestlin, que j'ai adopté le système de Copernic. [...] On peut demander à Ptolémée pourquoi les excentriques de Mercure et de Vénus et celui du Soleil sont parcourus en temps égaux ; son système ne rend aucunement raison de cette coïncidence : celui de Copernic, au contraire, nous montre que ces trois mouvements sont des apparences produites par une même cause, qui est la rotation de la Terre. »

Après avoir envisagé de devenir ministre du culte luthérien, il changea son projet et obtint un poste de professeur de mathématiques à Graz (Autriche) ou régnait un monarque catholique. Il publia le livre *Mysterium Cosmographicum* sur l'héliocentrisme avec un calcul des distances des orbites. Il se rendit à Prague, invité par Tycho Brahe, pour devenir son assistant afin de calculer l'orbite de Mars. « Tycho est chargé de richesses dont, comme la plupart des riches, il ne fait pas usage » avait-il écrit à Maestlin. C'est à l'occasion de ce travail qu'il découvrit les trois célèbres lois de cinématique des planètes, qui seront démontrées par les lois de la mécanique newtonienne au siècle suivant. À la mort de Tycho Brahe en 1601, Johannes Kepler hérita de ses ouvrages et lui succéda comme mathématicien impérial à la cour de Rodolphe II. Il garda ce statut jusqu'en 1612.

Les trois lois de Kepler sont :

1- Après de nombreux essais et de pénibles calculs, Kepler trouva qu'une orbite elliptique satisfait à toutes les observations sur Mars (publié en 1609). Le Soleil est l'un des deux foyers de l'ellipse. Cela est valable pour toutes les planètes. On n'aura plus besoin d'épicycles.

2- La loi des aires : « Des aires égales sont balayées dans des temps égaux. » (1618).

3- La loi des périodes a^3/T^2 = constante (a : demi grand axe de l'ellipse ; T : période sidérale de la planète) (1618).

Il rejetait la cosmologie de Tycho Brahe : « Je sens, disait-il, qu'on peut tirer de la Lune, qui se meut autour de la Terre, une objection du même genre que celle que j'oppose à Tycho ; mais j'aime mieux permettre à la Lune de suivre et d'envelopper notre globe en vertu d'une parenté particulière, que de transporter à la Terre la faculté de mouvoir le Soleil, chargé de toutes les planètes qu'il enchaîne et qu'il retient par sa force prépondérante. »[16]

Il réalisa également des travaux sur la réfraction de la lumière[17], ce qui permettait d'éliminer certaines erreurs. « On a, dit-il, observé une éclipse de Lune, au moment où le Soleil était encore visible au-dessus de l'horizon ». La Lune disparut par conséquent sans que la ligne droite qui réunit son centre à celui du Soleil parût rencontrer la Terre. Le fait est constant ; il a été observé notamment par Maestlin et par Tycho : « il est, d'un autre côté, de nécessité évidente que la Terre, pour éclipser la Lune en la couvrant de son ombre, soit placée entre elle et le Soleil dans une même ligne droite. Il faut donc admettre que les trois corps sont réellement en ligne droite au moment de l'éclipse, et expliquer par la réfraction qui relève les deux astres leur présence apparente et simultanée au-dessus de l'horizon. »

---

16. Cité dans *Histoire de l'astronomie moderne*, Bailly.

17. Déviation de la lumière lors d'une modification de sa vitesse dans un milieu.

Kepler calcula une table des réfractions astronomiques qui, depuis le zénith, jusqu'à 70° ne diffère pas de plus de 9″ de celle qu'on adopte aujourd'hui. Descartes le cite dans sa *Dioptrique*, il reconnaît le parti qu'il en a tiré[18]. Kepler réalisa de nombreux travaux ayant trait aux applications des mathématiques (figure 14).

Il s'attira les foudres des héritiers de Tycho Brahe et des partisans de la cosmologie géohéliocentrique, mais il fut soutenu par le Jésuite Guldin (son oncle était jésuite), qui l'aida à publier ses travaux.

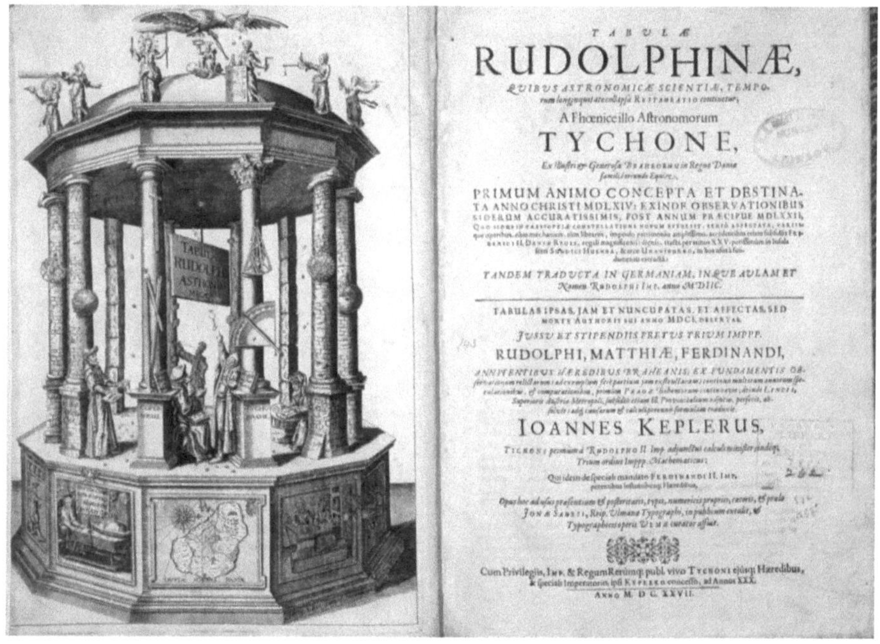

Figure 14. Tables de positions planétaires fondées sur les observations
de Tycho Brahe et des travaux de Kepler. 1627.

---

18. Joseph Bertrand. 1865. Les Fondateurs de l'astronomie moderne : Copernic, Tycho Brahé, Kepler...

Galilée 1605, par Le Tintoret.

Chapitre 4

XVIIᵉ siècle

Galilée

Copernic et le système héliocentrique avaient rencontré la sympathie et le soutien des autorités catholiques ; son disciple protestant Rheticus ne fut pas non plus pénalisé par l'université luthérienne qui pourtant rejetait l'héliocentrisme. Kepler avait eu de bonnes relations avec des scientifiques des deux confessions. Ces bonnes dispositions ne durèrent pas.

Après la mort de Copernic, le concile de Trente, qui se termina en 1563, réagit contre la Réforme. La congrégation de l'Index fut créée, celle de l'Inquisition fut réactivée. Face à la diffusion de la Réforme, les congrégations, notamment les Dominicains et les Jésuites, prirent de plus en plus d'influence dans la religion et dans la société[19]. Ils empêcheront d'enseigner l'héliocentrisme, bien que beaucoup de prélats instruits y fussent acquis, mais leur influence diminuait au profit des congrégations.

Galilée (1564-1642)

Les travaux de Galilée, mathématicien et surtout physicien expérimentateur et novateur, confirmaient l'héliocentrisme qui était une remise en question de l'édifice intellectuel aristotélicien sur lequel reposait l'enseignement des congrégations. Galilée n'était pas homme à en garder le secret. Deux Dominicains saisirent l'inquisition contre lui le

---

19. Voir *Les dominicains et le procès de Galilée ou de l'Inquisition comme instrument de promotion sociale et d'hégémonie intellectuelle* par Francesco Beretta (Laboratoire de recherche historique Rhône-Alpes, CNRS, UMR 5190, Lyon).

7 février 1615 : Lorini transmit au cardinal inquisiteur Paolo Emilio Sfondrati la copie d'une lettre adressée par Galilée à son disciple Benedetto Castelli, et affirma que dans ce texte « on piétine la philosophie d'Aristote qui est tellement utile à la théologie scolastique », et qu'on propose une doctrine contraire à l'Écriture. Galilée ne sera pas condamné comme hérétique, car certains dominicains lui étaient favorables. L'année suivante l'Inquisition fut saisie sur l'héliocentrisme. Le pape Paul V ne retiendra pas la censure d'hérésie, se limitant à déclarer que l'héliocentrisme était contraire à l'Écriture. Le 5 mars 1616, la Congrégation de l'Index publiait un décret proscrivant l'héliocentrisme comme faux et entièrement contraire à l'Écriture sainte ; ce décret qui mettait à l'Index la *Lettera de Foscarini* écrite par un théologien qui voulait montrer que l'héliocentrisme n'était pas contraire aux Écritures, ainsi que le *De revolutionibus orbium coelestium* de Copernic.

Il fallait surtout que les institutions gardassent la maîtrise de l'enseignement du dogme et de la science, bâtis sur le système aristotélicien, et contredit par l'héliocentrisme. La conséquence de cette condamnation fut l'impossibilité aux catholiques de publier sur l'héliocentrisme, mais l'essentiel l'avait déjà été, et à l'étranger Kepler, savant protestant au service de l'empereur catholique Mathias d'Autriche, put publier ses lois même en 1618, mais ce n'était pas en Italie. Les Jésuites adoptèrent le système de Tycho Brahe au milieu du siècle.

La condamnation de Galilée est bien connue : les puissants Jésuites développèrent une polémique contre lui. Pourtant, ayant le soutien du pape Urbain VIII élu en 1623, Galilée obtint l'autorisation de publier un livre présentant les deux systèmes sous forme de dialogue, en italien, langue du peuple, *Dialogo sopra i due massimi sistemi del mondo*, dialogue sur les deux grands systèmes du monde. Ce livre, paru en 1632, avec l'*imprimatur* de l'Église, eut un grand succès ; il popularisait l'héliocentrisme. Avec des arguments scientifiques, il ne pouvait que ridiculiser les géocentristes, ainsi le personnage défendant le géocentrisme dans l'ouvrage était appelé Simplicio, simple d'esprit pouvait-on comprendre, mais c'était le nom d'un mathématicien et astronome du VIe siècle Simplicius qui écrivit des commentaires sur Aristote ! L'inquisition ne pouvait rester silencieuse et le condamna comme hérétique. Il avait 70 ans, était en mauvaise santé. Risquant le bûcher, il dut signer une déclaration d'abjuration. Cependant, grâce au pape, il ne fut pas emprisonné et put résider dans sa villa à Florence, où, entouré de quelques disciples, il continua à écrire des travaux scientifiques. Sa santé déclinant, il mourut presque aveugle à 77 ans. Le pape avait obtenu qu'il conservât les revenus de deux bénéfices ecclésiastiques.

Toutes ses découvertes s'opposaient au monde d'Aristote. Si les travaux de Copernic étaient principalement de nature mathématique, Galilée allait plus loin, avec des observations directes et des justifications physiques.

L'œuvre de Galilée

Galilée fut d'abord un expérimentateur. Il a travaillé très tôt sur les mesures de durées dans les phénomènes physiques, loi du pendule, mouvement de chute accéléré, avec des dispositifs ingénieux qui lui ont permis d'établir ces lois. Il a compris et développé que le mouvement naturel, lorsqu'un objet n'est pas soumis à des interactions, est rectiligne et uniforme, ce qui est une offense à la doctrine ancrée dans les esprits à son époque selon laquelle le mouvement circulaire est le mouvement naturel parfait (voir relativité page 120). Il a pris en compte les causes physiques des mouvements, en réalisant des mesures, ce qui était une nouveauté. Ces travaux sur les mouvements constitueront la base expérimentale sur laquelle se fondera Newton pour ses lois des mouvements.

Galilée perfectionna une lunette terrestre jusqu'à obtenir un grossissement de 30 fois, ce qui lui a permis d'effectuer des observations de la Lune, de découvrir les anneaux de Saturne, les satellites de Jupiter, les phases de Vénus que Copernic avait prévues, « ainsi disait Copernic, si vos yeux étaient assez bons pour distinguer ses phases vous les verriez et peut-être les astronomes trouveront quelque jour le moyen de les apercevoir » (cité par Émilie du Chatelet). Il observa des étoiles inconnues jusque-là, et aussi les taches solaires...

Il justifia le relief de la Lune (voir figure ci-dessous) : « Délaissant les affaires de la Terre, je me consacrai à l'étude de celles du Ciel. Je vis d'abord la Lune d'aussi près que si elle était à peine éloignée de deux rayons terrestres … des sortes d'excroissances lumineuses, assez nombreuses, dépassent en effet cette séparation entre lumière et obscurité vers la partie obscure, et au contraire des parties sombres s'avancent à l'intérieur de la partie lumineuse. Il existe encore une grande quantité de petites taches sombres, totalement séparées de la partie ténébreuse, parsemant presque toute la zone déjà inondée par la lumière du Soleil, sauf dans la partie où se trouvent les grandes et anciennes taches. Nous avons observé que les petites taches ont toutes et toujours ce trait commun que leur partie qui regarde la direction du Soleil est noirâtre, alors que du côté opposé au Soleil elles sont couronnées de bordures plus claires, comme des arêtes éclatantes. Sur Terre au lever du Soleil nous observons le même phénomène avec les vallées pas encore inondées par la lumière alors que les montagnes qui les entourent resplendissent déjà du côté opposé au Soleil ; et de la même façon que les ombres des cavités de la Terre diminuent quand le Soleil s'élève, ces taches lunaires perdent également de leurs ténèbres tandis que s'accroît la partie lumineuse. » (Galilée, traduit du latin pour l'Académie Royale des Sciences, XVIIe siècle).

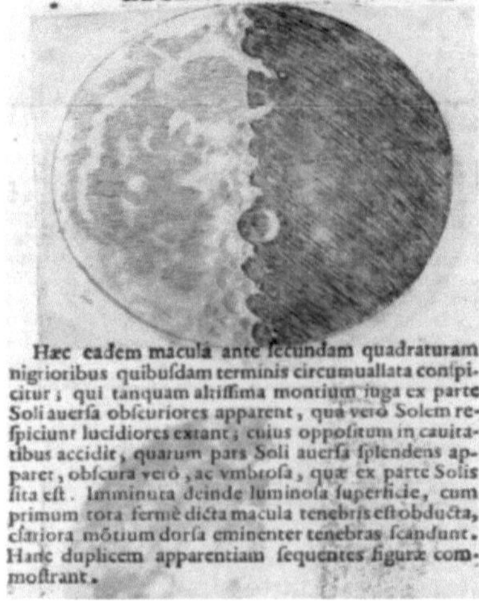

Il découvrit quatre satellites de Jupiter :

« Nous avons brièvement exposé les observations faites jusqu'ici sur la Lune, sur les étoiles fixes et sur la Galaxie. Il nous reste, ce que nous estimons le plus important dans cette affaire, à révéler et à faire connaître la découverte de quatre planètes jamais observées depuis le commencement du monde jusqu'à aujourd'hui, ainsi que leurs positions et les observations effectuées durant près de deux mois sur leurs déplacements et leurs changements, en proposant à tous les astronomes de se consacrer à leur recherche et à définir leurs périodes, ce que, faute de temps nous n'avons pas pu encore réaliser. Mais une nouvelle fois nous les avertissons, de peur qu'ils n'entreprennent en vain une telle enquête, qu'ils ont besoin d'une lunette très précise et telle que nous l'avons décrite au début de cet exposé.

Donc, le 7 janvier de cette année 1610, à une heure de la nuit, alors que j'observais les étoiles à la lunette, Jupiter se présenta, et comme je disposais d'un instrument tout à fait excellent je reconnus que trois petites étoiles, il est vrai toutes petites mais très brillantes, étaient près de lui (ce que je n'avais pas observé auparavant en raison de la faiblesse de l'autre lunette) ; ces étoiles, bien que je crus d'abord qu'elles faisaient partie des fixes, me causèrent cependant quelque étonnement parce qu'elles semblaient se disposer exactement sur une ligne droite et parallèle à l'écliptique, et qu'elles avaient plus d'éclat que toutes les autres de même grandeur. Telle était leur disposition, entre elles et par rapport à Jupiter.

C'est-à-dire que deux étoiles se trouvaient à l'est, et une vers l'ouest. La plus orientale et l'occidentale paraissaient un peu plus grandes que la troisième. Je ne me préoccupais pas d'abord de leurs distances entre elles et Jupiter car, comme je l'ai dit, je les avais prises pour des fixes. Mais comme le 8, guidé par je ne sais quel destin, j'étais retourné à la même observation, je trouvais une disposition très différente. Les trois petites étoiles étaient en effet toutes à l'ouest de Jupiter, et elles étaient plus proches entre elles que la nuit précédente et séparées mutuellement par des intervalles égaux, comme le montre le dessin ci-dessous.

Alors, bien que je n'aie pas consacré de réflexion à un éventuel rapprochement des étoiles, je commençai pourtant à me demander avec embarras comment Jupiter pouvait se trouver à l'est de toutes les étoiles fixes mentionnées plus haut alors que la veille il était à l'ouest de deux d'entre elles. Je soupçonnais que peut-être, contrairement aux prévisions astronomiques, ce mouvement était direct et que Jupiter avait pour cette raison dépassé ces étoiles du fait de son mouvement propre. C'est pourquoi j'attendis la nuit suivante avec la plus grande impatience ; mais mon espoir fut déçu car le ciel fut partout couvert de nuages. Mais le 10 les étoiles apparurent dans cette position par rapport à Jupiter : deux seulement étaient présentes, l'une et l'autre orientales. Je pensais que la troisième se cachait derrière Jupiter.

[Il décrit encore 61 observations, puis en déduit le mouvement satellitaire :]

Voici donc les observations des quatre planètes médicéennes[20], récemment, et pour la première fois, découvertes par moi. À partir de ces observations, et malgré qu'il ne m'ait pas encore été possible de calculer

---

20. Nom donné aux satellites de Jupiter.

leurs périodes, il est permis d'énoncer certaines remarques dignes d'attention.

D'abord, puisque, soit elles suivent, soit elles précédent Jupiter à des distances analogues, qu'elles ne s'en écartent, tant à l'est, qu'à l'ouest, que d'intervalles très limités, et qu'elles l'accompagnent dans son mouvement rétrograde comme dans son mouvement direct, on ne peut douter qu'elles poursuivent leurs évolutions autour de lui, tandis qu'elles effectuent ensemble leur révolution en douze ans autour du centre du monde.

De plus, elles tournent sur des cercles inégaux, ce qui se déduit clairement du fait que dans les plus grandes élongations, loin de Jupiter on ne peut jamais voir deux planètes en conjonction, alors que près de Jupiter elles sont parfois serrées, à deux, à trois et parfois toutes ensemble.

On comprend également que les révolutions des planètes qui décrivent les cercles les plus étroits autour de Jupiter sont les plus rapides. En effet les étoiles les plus rapprochées de Jupiter sont assez souvent observées à l'est quand la veille elles étaient à l'ouest, et vice-versa. En outre l'examen soigneux de ces révolutions montre que la planète qui parcourt la plus grande orbite semble revenir à son point de départ en un demi-mois.

En plus, nous avons ici un magnifique et très clair argument pour ôter tous scrupules à ceux qui, tout en admettant la révolution des planètes autour du Soleil dans le système copernicien, sont troublés par la durée du tour que fait la Lune autour de la Terre, alors que toutes deux accomplissent un circuit annuel autour du Soleil au point qu'ils jugent que cette organisation de l'univers doit être rejetée comme impossible. En effet, à présent, nous n'avons pas seulement une planète qui tourne autour d'une autre, tandis que l'une et l'autre parcourent une grande orbite autour du Soleil, mais nous observons quatre étoiles tournant autour de Jupiter comme la Lune autour de la Terre, tandis que toutes ensemble avec Jupiter, elles parcourent leur orbite autour du Soleil, en douze ans.

Enfin, il faut rechercher la raison pour laquelle il se trouve que les astres médicéens, quand ils accomplissent autour de Jupiter leurs rotations très resserrées, semblent parfois doubler de grandeur. »[21] (Galilée, *Sidereus Nuncius*, 1610)

Il découvrit de nombreuses étoiles, montrant que la Voie lactée et les nébuleuses étaient composées d'innombrables étoiles :

« En troisième lieu nous avons observé la substance, ou matière, de la Voie lactée elle-même à la lunette. Grâce à elle, les observations réalisées feront taire toutes les querelles qui ont torturé les philosophes pendant tant de siècles, et nous nous sommes libérés des discussions verbeuses. Car la Galaxie n'est rien d'autre qu'un groupement innombrable d'étoiles réunies en amas. Quel que soit l'endroit où l'on y dirige la lunette, on observe une immense quantité d'étoiles, dont un bon nombre apparaissent assez grandes et bien visibles, mais dont la multitude des petites est vraiment insondable.

Or ces luminosités laiteuses ne sont pas uniquement observées dans la Galaxie, il en existe de très nombreuses qui forment des taches possédant la même couleur laiteuse, éparpillées dans l'éther. Si on les observe avec la lunette elles apparaissent comme des groupements d'étoiles serrées les unes contre les autres. De plus, les étoiles qui ont jusqu'à ce jour été nommées nébuleuses par tous les astronomes sont en fait des amas d'étoiles si serrées que les rayons se mêlent, alors que chacune prise isolément échappe au regard à cause de sa petitesse ou de son extrême éloignement par rapport à nous. Ces amas forment une luminosité que jusqu'ici on croyait correspondre à une zone plus dense du ciel qui renvoyait les rayons des étoiles ou du Soleil. »

En comparant l'œuvre de Tycho Brahe à celle de Galilée utilisant un matériel modeste, on est autorisé à croire que les grands savants n'ont

---

21. Traduction trad. Galileo Galilei. Le Messager des Étoiles. Fernand Hallyn. Paris. Le Seuil. 1992 ; Galilée. Le Messager Céleste. Jean Peyroux. Paris. Albert Blanchard. 1989 ; Galilée. Le Messager Céleste. Isabelle Pantin. Paris. Les Belles Lettres. 1992

pas nécessairement besoin d'utiliser des dispositifs expérimentaux coûteux financés par de riches mécènes pour obtenir les plus importantes découvertes.

En France au XVIIe siècle

Pascal écrivit dans *les Provinciales* « ce n'est pas le décret de Rome sur le mouvement de la Terre qui prouvera qu'elle demeure en repos, et, si l'on avait des observations constantes qui prouvassent que c'est elle qui tourne, tous les hommes ensemble ne l'empêcheraient pas de tourner et ne s'empêcheraient pas de tourner avec elle. »

Dans son ouvrage *Entretiens sur la pluralité des mondes*, ***Fontenelle*** affirmait que les nouvelles observations astronomiques ne permettent plus d'adopter le système du monde ptoléméen et que le système copernicien est plus conforme à la réalité. Il y avait donc pour les congrégations des éléments suffisants pour proscrire cet ouvrage téméraire et dangereux, qui, étant écrit en langue vulgaire, était accessible à tous. Le 22 septembre 1687, les cardinaux suivront cet avis et l'ouvrage de Fontenelle sera mis à l'Index.

❀ ❀ ❀

Newton (1643-1727)

Leibnitz (1646-1716)

Chapitre 5

Les Lumières

À la fin du XVIIe siècle, des savants étrangers étaient reçus en Italie où ils avaient la liberté de parler de l'héliocentrisme avec leurs confrères, malgré la censure. « Les savants de l'Europe septentrionale étant presque convaincus de la vérité de cette hypothèse, ils considèrent cette censure comme un esclavage injuste » (lettre de Leibnitz 1688). Entre mai et novembre 1689, Leibnitz participa aux travaux de l'Académie fondée par Monseigneur Ciampini, où les savants de diverses opinions pouvaient exposer leurs idées, permettant des discussions concernant la physique de Galilée. Leibnitz tenta à plusieurs reprises de faire revenir l'Index sur sa décision contre l'héliocentrisme. Des livres qui adoptaient le système du monde héliocentrique, venant probablement d'Allemagne, circulaient à Rome à fin du siècle. C'est à Rome en 1689, que Leibniz tient entre ses mains pour la première fois les *Principia* de Newton[22], qui confirment l'héliocentrisme. Les Jésuites du Collège Romain en possédaient un exemplaire.

Newton (1643-1727)

L'année suivant celle de la mort de Galilée, naquit en Angleterre un savant qui allait donner les formulations mathématiques aux lois physiques qui régissent les mouvements ainsi que les caractéristiques de l'interaction entre les masses : ainsi apparaît la mécanique newtonienne. Dans ses premiers travaux consacrés à l'optique, il montrait la décomposition de la lumière blanche par un prisme. Comme les performances des lunettes astronomiques étaient limitées par des aberrations chromatiques dues à la dispersion des couleurs par la

---

22. Lois du mouvement et la gravitation universelle.

57

réfraction, il mit au point une lunette utilisant un miroir convexe qui évitait ce problème, en 1672. Cela l'amena à l'astronomie et la mécanique des astres.

Lunette de Newton, avec son oculaire latéral.

En astronomie, il utilisa le système de Copernic et les lois de Kepler, en mécanique les observations de Galilée. Cet esprit profondément religieux se fondait sur les faits expérimentaux. Il était opposé aux hypothèses non justifiées : « Hypotheses non fingo ... Tout ce qui n'est pas déduit des phénomènes, il faut l'appeler hypothèse ; et les hypothèses, qu'elles soient métaphysiques ou physiques, qu'elles concernent les qualités occultes ou qu'elles soient mécaniques, n'ont pas leur place dans la philosophie expérimentale ».

Il publia ses travaux sur la mécanique *Philosophiæ Naturalis Principia Mathematica* (Principes mathématiques de la philosophie naturelle) en 1687. C'est une étude en 427 pages pour le tome 1, comprenant 41 théorèmes et leurs corollaires, de nombreuses et variées applications de mouvements (planètes solides fluides élasticité...). Ce travail de longue haleine utilisait la géométrie des triangles et des cercles. On dispose actuellement d'outils mathématiques simplifiant considérablement ses démonstrations, vecteurs, géométrie analytique, le calcul différentiel et intégral, qui permettent de vérifier facilement la justesse de ses travaux.

Il y énonçait trois lois fondamentales, découlant de ses observations et expériences, sur les relations entre les mouvements et les forces, avec de nombreuses applications. 1- Le principe de l'inertie : « chaque partie de matière, considérée en elle-même, ne tend jamais à poursuivre son mouvement suivant des lignes courbes, mais seulement suivant des lignes droites »[23]. 2- « La cause qui fait varier le mouvement (vis impressa) est la force définie par la variation de la quantité de mouvement par unité de temps [$\Delta mv/\Delta t$] » (Galilée avait énoncé que dans des temps égaux au cours d'une chute, la variation de vitesse était la même). 3- L'égalité de l'action et de la réaction. Il faudrait ajouter la règle du parallélogramme dans la composition des forces.

Il démontra par la géométrie simple (triangles[24], voir documents page 184) et avec le principe de l'inertie que dans les mouvements curvilignes des corps, *les aires décrites autour d'un centre immobile, sont dans un même plan immobile, et sont proportionnelles au temps.* (seconde section, proposition 1 théorème 1). C'est une des lois de Kepler.

Puis à la suite de plusieurs corollaires des ses théorèmes, la *Gravitation universelle :*

Il démontra d'abord que *Si le temps périodique* [période sidérale] *est comme une puissance quelconque n du rayon R* [R^n], *et que par conséquent la vitesse soit comme la puissance n-1 du rayon* [R^{n-1}], *la force centripète sera réciproquement comme la puissance 2n-1 du rayon* [R^{2n-1}] (Th 4. Corollaire 7).

Les périodes sont connues, d'après les lois de Copernic, et formulées avec la troisième loi de Kepler $T^2 = 4\pi^2 R^3/GM$. Un élève du

---

23. Descartes l'avait énoncé en 1664 : « Chaque chose, dans la mesure où elle est simple et indivisible, reste toujours, autant qu'il lui est possible, dans le même état et n'en change jamais sinon par [l'effet] de causes extérieures ». Galilée l'avait montré par des exemples.

24. Fondé sur l'égalité des aires de deux triangles qui ont la même hauteur et la même longueur de base. Passage à la limite infinitésimale.

secondaire en déduira facilement, comme Newton, que la force centripète est inversement proportionnelle à R^2. C'est la célèbre loi de gravitation universelle.

Pourquoi est-elle qualifiée d'universelle ? Il montra que les mouvements de chute sur la terre ont la même cause que les mouvements orbitaux des planètes, il s'agit de la force d'interaction entre les masses obéissant à la même loi.

Il l'illustra d'une expérience par la pensée : *Ainsi, si un boulet de canon était tiré horizontalement du haut d'une montagne, avec une vitesse capable de lui faire parcourir un espace de deux lieues avant de retomber sur terre ; avec une vitesse double, il n'y retomberait qu'après avoir parcouru quatre lieues, et avec une vitesse décuple, il irait dix fois plus loin (pourvu qu'on n'ait point d'égard à la résistance de l'air), et en augmentant la vitesse de ce corps, on augmenterait à volonté le chemin qu'il parcourrait avant de retomber sur la terre, et on diminuerait la courbure de la ligne qu'il décrirait; en sorte qu'il pourrait ne retomber sur la terre qu'à la distance de 10, de 30 ou de 90 degrés ; ou qu'enfin il pourrait circuler autour, sans y retomber jamais, et même s'en aller en ligne droite à l'infini dans le ciel.*

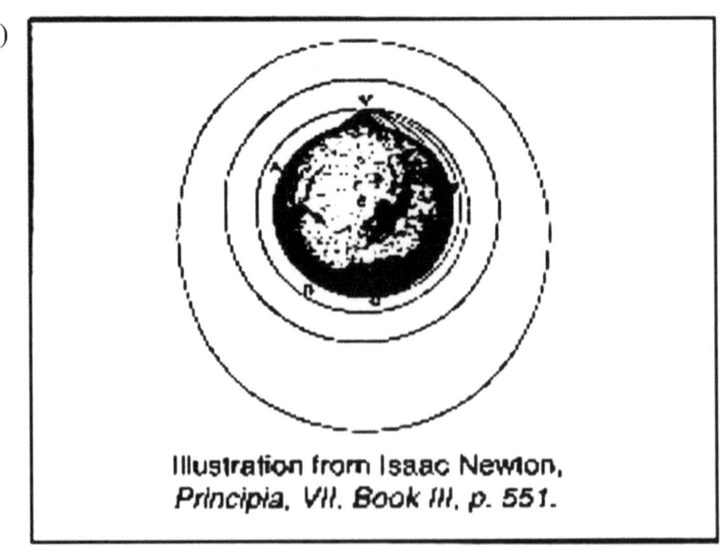

Illustration from Isaac Newton,
Principia. VII. Book III. p. 551.

Or, par la même raison qu'un projectile pourrait tourner autour de la terre par la force de la gravité, il se peut faire que la lune par la force de gravité, (supposé qu'elle gravite), ou par quelqu'autre force qui la porte vers la terre, soit détournée à tout moment de la ligne droite pour s'approcher de la terre, et qu'elle soit contrainte à circuler dans une courbe, et sans une telle force, la lune ne pourrait être retenue dans son orbite. (Principia définition V).

Ses lois lui ont permis de prévoir le passage en 1759 de la comète de Halley.

Avec la théorie de Newton et de nouvelles observations grâce aux lunettes plus puissantes, il ne pouvait subsister aucun doute sur l'héliocentrisme. En Italie, les congrégations ne purent plus imposer au pape leur condamnation de l'héliocentrisme. En 1734 les cardinaux du Saint-Office autorisèrent l'érection d'un mausolée à Galilée dans l'église Santa Croce de Florence, l'*imprimatur* fut apposé à l'édition complète des œuvres de Galilée en 1741. Sous le pontificat de Benoît XIV en 1754, furent retirés de l'Index les ouvrages enseignant le mouvement de la Terre et l'immobilité du Soleil.

Chapitre 6

Des preuves expérimentales du système héliocentrique
au XIXe siècle

Le système héliocentrique était justifié par les observations astronomiques puis confirmé par les lois de Newton. Au XIXe siècle de nouvelles preuves allèrent s'ajouter par des expériences.

Mesure de la distance à une étoile par Bessel (1784-1846) : parallaxe

La parallaxe correspond à la visée d'un même point à partir de deux positions différentes, sous deux directions différentes. On peut alors tracer un triangle qui permet de déduire des longueurs qui ne sont pas directement mesurables. Le perfectionnement des lunettes et télescopes permit la mesure d'écarts angulaires très petits et de mesurer par cette méthode la distance à certaines étoiles. Le physicien et mathématicien allemand Bessel réussit la mesure pour une étoile proche, 61 du Cygne, en deux visées séparées de 6 mois afin d'avoir l'écart maximum dans une direction orthogonale à celle des visées (figure 15). Il mesura un écart de 0,31 secondes d'arc, le calcul géométrique simple donne une distance de 665 389 UA[25], cette méthode est applicable à des étoiles proches (Véga, Alpha centaure).

---

25. L'Unité Astronomique correspond à la distance moyenne de la Terre au Soleil.

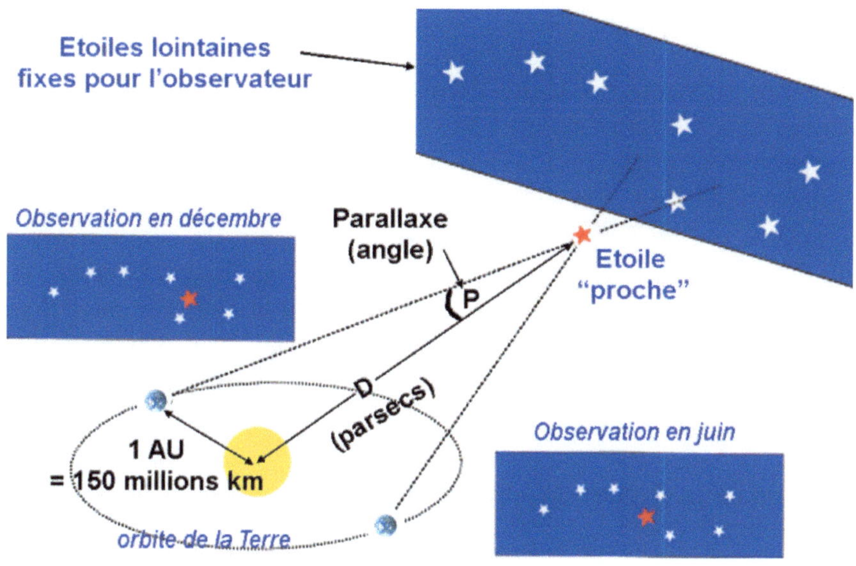

Figure 15. (Pline, Wikimedia)

Le mouvement de rotation de la Terre par Foucault

Pendule de Foucault

On avait remarqué à l'époque de Galilée, à Florence, que le plan dans lequel se faisaient les oscillations des pendules tournait lentement au cours du temps. Si la Terre était fixe, cela ne pourrait avoir lieu. Un physicien français, Léon Foucault (1849-1868), a pensé que cela constituerait une preuve de la rotation de la Terre autour de son axe. Il observa ce mouvement pendant des durées de plusieurs heures avec des pendules longs et très peu amortis. En 1851, il fit une célèbre démonstration devant un public sous la coupole du Panthéon à Paris. Au bout d'une heure, le plan du mouvement avait tourné de 11°. En 24 heures, il aurait effectué un tour complet, s'il avait été placé au pôle. Le calcul par les lois de Newton montre que la durée d'une rotation complète du plan dépend du sinus de la latitude ; à Paris elle dépasse ainsi largement 24 heures.

L'année suivante, Foucault conçut une autre expérience : avec un gyroscope (sorte de toupie dont l'axe de rotation est libre de s'orienter) qu'il perfectionna, il montra que son axe déviait vers l'ouest alors que la Terre tourne vers l'est. On constaterait que sa période de rotation vaut 23h56, soit la même valeur que pour la Terre (période sidérale), si on pouvait laisser tourner le gyroscope pendant cette durée. Comme il y avait des amortissements dus à des frottements, il dut se contenter d'une durée bien plus courte et mesurer la déviation de l'axe d'une manière précise, à l'aide d'une lunette grossissante et d'une aiguille. Le résultat vérifiait bien le mouvement de la Terre.

La prévision de la découverte de Neptune

Acceptant l'idée, plusieurs fois émise par des astronomes, que les perturbations de trajectoire de la planète Uranus étaient dues à un astre inconnu, Le Verrier s'efforce de calculer les caractéristiques dynamiques de ce corps avec les lois de Newton. Le 1er juin, il fut en mesure d'en fixer approximativement la position. Un peu plus tard, il la précisa encore davantage. Enfin, le 23 septembre 1846, Galle, astronome de Berlin, à qui Le Verrier donna, le jour même, communication de ses chiffres, dirigea sa lunette vers le point indiqué et aperçut sans difficulté la nouvelle planète Neptune.

Tout cela consacra le triomphe de la mécanique newtonienne.

L'expérience du pendule de Léon Foucault au Panthéon de Paris, en 1851.

(revue La Nature 1887)

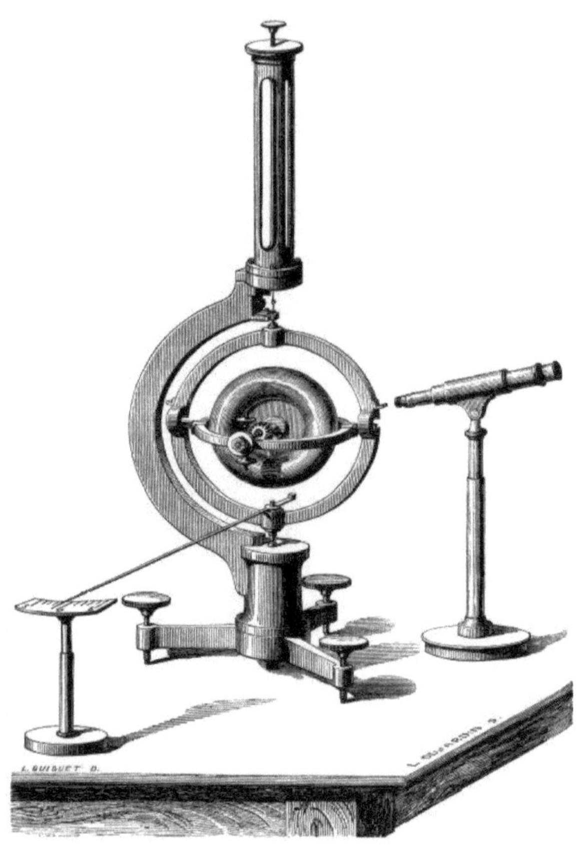

Gyroscope de Foucault

De nos jours des gyroscopes perfectionnés sont utilisés dans les centrales à inertie des avions (3 gyroscopes) pour déterminer leur position d'une manière autonome.

Partie B

au XXe siècle

Figure 16. Télescope utilisé par E. Hubble pour mesurer les *redshifts* des galaxies.
Réflecteur de 2,5 m.

Les galaxies et la Cosmologie

Chapitre 7

Un tournant scientifique au XXe siècle

En astronomie, grâce aux perfectionnements des observatoires, le nombre d'étoiles connues croît, et la distance des plus proches est mesurée par parallaxe. La puissance des observatoires permet de décomposer la lumière et d'en mesurer les longueurs d'ondes. L'effet Doppler-Fizeau permet de calculer la vitesse de la source lumineuse en fonction d'une dérive des longueurs d'ondes. Le XXe siècle débute avec des découvertes qui n'avaient jamais été imaginées auparavant.

En physique, l'étude des ondes (interférences, diffraction), de l'électricité et de l'électromagnétisme avait montré, au XIXe siècle, que la lumière est une onde électromagnétique, avec des conséquences importantes sur l'expression de sa vitesse. Michelson a montré par une expérience en 1881 que la vitesse mesurée de la lumière est constante, quelle que soit la vitesse de l'observateur en mouvement, ce qui va entraîner des interrogations nouvelles dans les lois de la physique et permettre la naissance de la relativité restreinte.

Planck montra et calcula en 1900 à partir de l'émission du *corps noir* (corps chaud absorbant la lumière) l'existence d'une énergie quantifiée, c'est-à-dire ne pouvant prendre que des valeurs discontinues. L'énergie élémentaire émise étant reliée à la fréquence de l'onde par la formule $E = h\nu$. (ν : fréquence). Bohr donna l'expression de l'énergie quantifiée de l'atome d'hydrogène.

Poincaré, Lorentz et la relativité. Les lois de l'électromagnétisme de Maxwell conduisent à attribuer une masse d'inertie $m = E/c^2$ (E énergie, c vitesse de la lumière) aux ondes électromagnétiques ainsi qu'une quantité de mouvement. Ce comportement mécanique implique en outre une nouvelle approche de la physique, puisque la vitesse de ces ondes électromagnétiques est une constante selon les équations de Maxwell. Le physicien allemand H. Lorentz et H. Poincaré ont collaboré dans ce domaine, ce qui a abouti à l'énoncé du principe de relativité en 1904 : « [Poincaré] a formulé le postulat de relativité, terme qu'il a été le premier à employer. » (Lorentz 1921).

Congès Solvay 1911. Lorentz (assis 4e depuis la gauche), extrémité droite : Poincaré avec M. Curie, Einstein debout à droite.

Einstein publia aussi le principe de relativité mais en 1905 (voir documents page 132). Il s'intéressa aux quanta de lumière postulés par Lorentz et montra que l'effet photoélectrique les vérifiait pour la lumière, ce qui lui vaudra d'obtenir le prix Nobel. Le principe de relativité posait des problèmes théoriques et mathématiques vis-à-vis de la gravitation. Plusieurs mathématiciens et physiciens se penchèrent sur le problème. Einstein aboutit à sa théorie de la gravitation connue sous le nom de Relativité générale, publiée en 1915.

Ondes ou corpuscules ? La double nature, ondulatoire et corpusculaire (photon) de la lumière posait un problème, car les deux théories sont très différentes et paraissent même incompatibles. Pour interpréter les résultats d'une expérience sur la lumière, on n'a pas de choix, car en général une seule des deux théories le permet (interférences diffraction : par l'onde ; effet photoélectrique, effet Compton : par le corpuscule, etc.).

Planck précisa le problème : « Une question, à partir de laquelle on peut s'attendre à des explications de grande envergure, est : que devient l'énergie d'un quantum de lumière après son émission ? S'étend-il, au fur et à mesure de sa progression, dans toutes les directions, comme dans la théorie des ondes de Huygens, et tout en couvrant un espace de plus en plus grand, diminue-t-il sans limite ? Ou voyage-t-il selon la théorie de la dynamique de Newton comme un projectile dans une seule direction ? Dans le premier cas, le quantum n'a jamais pu concentrer son énergie dans un endroit particulier pour lui permettre de libérer un électron des influences atomiques ; dans le second cas, nous aurions le triomphe complet de la théorie de Maxwell, et la continuité entre les champs statiques et dynamiques doit être sacrifiée, et avec elle l'explication complète actuelle des phénomènes d'interférence, qui ont été étudiés dans tous les détails. Cette alternative aurait des conséquences très désagréables pour le physicien moderne.

Dans chaque cas, il ne fait aucun doute que la science sera en mesure de surmonter ce grave dilemme, et que ce qui semble désormais incompatible peut plus tard être considéré comme le plus approprié en raison de son harmonie et de sa simplicité. Tant que cet objectif ne sera pas atteint, le problème du quantum d'action ne cessera de stimuler la recherche et de produire des résultats, et plus les difficultés opposées à sa solution seront grandes, plus sa signification pour l'extension et l'approfondissement de toutes nos connaissances de la physique sera grande. » (Planck *L'origine et le développement de la théorie quantique* 1922).

Cette dualité existe également pour les particules matérielles comme les électrons : la relation de la dualité fut découverte par le Prince Louis de Broglie, qui énonça en 1924 que les corpuscules matériels (électrons etc.) peuvent être considérés comme des ondes de longueur d'onde λ = h/mv. De Broglie obtint le prix Nobel en 1929. Enfin, depuis 1926 l'équation de Shrödinger permet à tous les chercheurs de traiter cette dualité, c'est un progrès efficace de la physique microscopique, qui a permis le développement des semi-conducteurs, des lasers, et de toutes leurs applications en électronique. C'est la mécanique quantique.

Einstein est resté réticent toute sa vie : « La physique quantique est très impressionnante. Une voix intérieure me dit cependant qu'elle n'est pas satisfaisante. Elle fonctionne bien sans pour autant s'approcher d'une compréhension réelle des choses. De toute façon, je suis convaincu que Dieu ne joue pas aux dés. » (Albert Einstein, le 4 décembre 1926). Son grand ami le physicien Max Born[26] écrivit « Le jugement d'Einstein sur la physique quantique fut un coup dur pour moi. Car il la refusait non pas tellement sur la base d'un raisonnement mais bien plus sous l'appel d'une voix intérieure. »
(Born, commentaire sur la lettre 52).

Louis de Broglie (1892-1987)

---

26. Avec lui, nous perdons, mon épouse et moi, l'ami le plus cher (Born, nécrologie d'Einstein).

Chapitre 8

Le décalage spectral

Les progrès de la physique permettent aux observatoires d'analyser la lumière provenant des étoiles et des galaxies et de repérer avec précision les raies spectrales (figure 17), c'est-à-dire obtenir les longueurs d'ondes des émissions ou absorptions d'énergie quantifiées par les atomes.

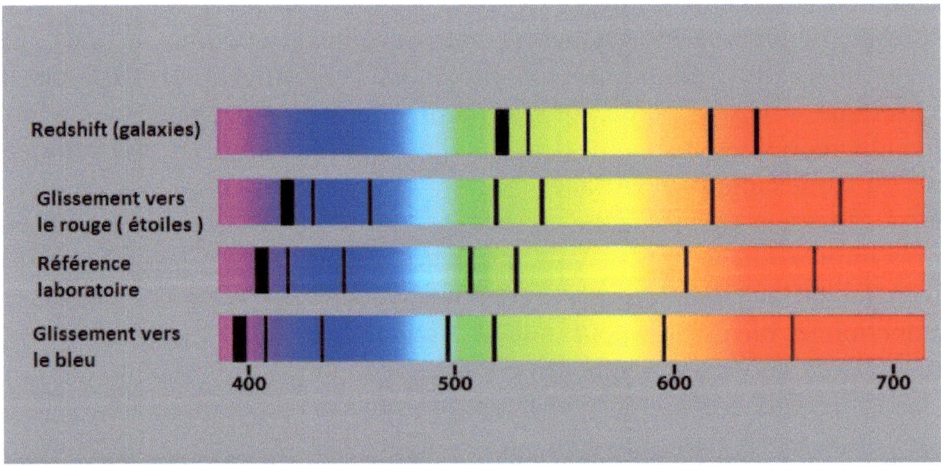

Figure 17. Illustration montrant les décalages des mêmes raies d'absorption selon leur origine. Un spectroscope disperse les composantes de la lumière suivant les longueurs d'ondes (de 400 à 700 nm[27]). *Si la source lumineuse est au repos par rapport à l'observateur, on obtient le spectre de référence (deuxième à partir du bas).* S'il s'agit d'étoiles se rapprochant de nous, on obtient un glissement des raies vers le bleu, c'est un effet Doppler (spectre du bas). En cas de mouvement d'éloignement, c'est un glissement vers le rouge (troisième depuis le bas). Dans le cas des galaxies, le glissement est beaucoup plus grand que celui des étoiles proches et toujours vers le rouge (spectre du haut).

---

27. nm : abréviation pour nanomètre, 10^{-9}m.

Une formule de proportionnalité (Doppler-Fizeau) permet de calculer les vitesses radiales (c'est-à-dire dans la direction de visée) des sources d'ondes d'après la mesure du décalage des longueurs d'ondes ; en 1868, Huygens avait le premier déterminé la vitesse radiale d'une étoile par ce moyen, de 180 000 km/h.

Les galaxies

À partir de 1925, Hubble, avec le télescope Hooker de 2,5 mètres de diamètre de l'observatoire du Mont Wilson (figure 16), observa des Céphéides, une catégorie d'étoiles dont il put déterminer la distance grâce à des lois sur la lumière émise établies par Henrietta Leavitt. Les très grandes distances prouvèrent leur situation hors de notre galaxie. Il existait donc d'autres galaxies, au loin, c'était une nouvelle très importante pour la cosmologie.

Il constata en outre que le décalage spectral des galaxies était toujours vers le rouge – d'où le terme *redshift* – et qu'il y avait une relation (approchée) de proportionnalité entre la Magnitude absolue[28] et le *redshift*. Grâce aux Céphéides, il arriva aussi à une relation de proportionnalité entre la mesure z du r*edshift* et la distance d, appelée loi de Hubble z = K.d (z est le décalage relatif en longueur d'onde égal à $\Delta\lambda/\lambda$). Elle permet de calculer les distances des galaxies.

Une étape suivante de recherche était tentante : existe-t-il la même relation entre la vitesse et le *redshift z* que celle de l'effet Doppler valable pour les étoiles de notre galaxie, c'est-à-dire une loi de proportionnalité ? Une différence se présentait, le décalage était uniquement vers le rouge pour toutes les galaxies, alors que pour les étoiles, dans certains cas cela allait vers le bleu (figure 15). La conséquence serait que toutes les galaxies s'éloignent de la Terre. Comme la Terre ou notre galaxie ne sont plus considérées comme le centre de l'univers, la seule possibilité serait que toutes les galaxies s'éloignent les unes des autres, si la relation était valable. La présence

---

28. En relation avec la luminosité intrinsèque.

d'énergie de répulsion entre les galaxies serait nécessaire pour expliquer ces mouvements, mais cela s'opposerait à la gravitation universelle qui est attractive. Et pour les galaxies très lointaines, on arriverait à des vitesses dépassant celle de la lumière, ce qui est en contradiction avec la théorie de la relativité. Il fallait trouver une autre explication que l'effet Doppler aux *redshifts* des galaxies.

L'application de la relativité générale à l'expansion de l'Univers

Deux explications se présentaient :
1) La plus simple est fondée sur la relation entre la fréquence (comme pour la longueur d'onde) et l'énergie $E = h\,v = h\,c\,/\lambda$. Elle montre que la lumière perd de l'énergie au cours de son trajet. Cette hypothèse a été étudiée et calculée avec la mécanique des particules pour les photons (et semble-t-il pas avec les ondes), mais n'a pas abouti à cette époque.
2) L'autre possibilité était de faire intervenir une nouvelle théorie de la gravitation qui modifie la relativité pour en faire la relativité générale par les travaux d'Einstein et Grossmann de 1915. En 1922, les mathématiciens Friedmann et Lemaître avaient obtenu des solutions aux équations de la Relativité Générale non statiques, c'est-à-dire pouvant convenir à une expansion de l'espace (qui entraînerait les galaxies), sous certaines conditions physiques (des valeurs de densité de masse et d'énergie), ce qui expliquerait les *redshifts* galactiques. « Vos mathématiques sont superbes, mais votre physique abominable » écrivit Einstein en 1927, à cause du manque de bases concrètes de leur proposition, mais il s'y rallia par la suite. Le résultat de l'application de cette solution est une relation de proportionnalité nommée aussi Loi de Hubble sur la vitesse dite de récession $v = H_0.R$ (R : distance à la galaxie, formule valable pour des valeurs pas trop grandes). La théorie de l'expansion de l'univers était née. Hubble l'accepta tout en restant dubitatif jusqu'à la fin de sa vie. Elle intégra une conception de l'origine de l'univers, le Big Bang, l'ensemble deviendra la Cosmologie Standard, théorie qui prétend résoudre tous les problèmes de l'univers.

Théorie du Big Bang

D'une manière également théorique, c'est-à-dire sans se fonder sur des observations physiques, le mathématicien belge abbé Lemaître inventa la théorie du Big Bang. Pour lui, l'Univers est en expansion depuis son début (d'après certaines solutions de la relativité générale), il existe donc une date dans le passé où ses dimensions étaient nulles, c'est mathématique et on nomme cela un point singulier, ce qui signifie que l'on ne peut pas lui appliquer de loi de physique. En 1931, il imagina un « atome primitif ». Cet abbé belge a toujours pris soin de bien séparer sa théorie de la religion, il ne parlait pas de création du monde.

Lemaître et Einstein au California Institute of Technology, janvier 1933.

Cette théorie fut popularisée par le brillant physicien russe Gamov, elle obtint un énorme et durable succès dans les institutions de recherche, autant que le géocentrisme et le géo-héliocentrisme en avaient obtenu dans les époques de Copernic et de Galilée. Les objections à l'encontre de cette cosmologie standard restent en général inconnues du public, car elles ne sont pas diffusées, même lorsqu'elles proviennent de scientifiques renommés.

Il n'y eut aucun problème avec les autorités religieuses, puisque cette théorie est compatible avec la création du monde, et les religieux en tant que tels n'avaient plus aucun pouvoir sur la recherche et l'enseignement : « Toutefois, il est remarquable que des savants modernes, versés dans l'étude de ces sciences, estiment l'idée de la création de l'univers parfaitement conciliable avec leurs conceptions scientifiques et qu'ils y soient même plutôt conduits spontanément par leurs recherches, alors qu'il y a encore quelques dizaines d'années une telle "hypothèse" était repoussée comme absolument inconciliable avec l'état présent de la science » (Pie XII, discours à l'Académie Pontificale des Sciences 1951).

Georges Lemaître fut nommé le 19 mars 1960 Président de l'Académie Pontificale des Sciences par le Pape Jean XXIII et devint Monseigneur. Sollicité pour participer au Concile, il déclina l'offre, ne voulant pas que la science interfère avec la religion.

Le début du XXe siècle a été une période faste pour les progrès de la science. En peu d'années, la Relativité Restreinte et la Mécanique Quantique furent postulées et depuis lors constamment vérifiées aussi bien qu'utilisées par les multiples recherches théoriques et les applications industrielles dans le monde entier. En astronomie, la théorie du Big Bang devint la base exclusive de travail pour les institutions de recherche. Sera-t-elle confirmée par les nouvelles observations ?

Montaigne : « ... *Ainsi, quand il se présente à nous quelque doctrine nouvelle, nous avons grande occasion de nous en défier, et de considérer qu'avant qu'elle ne fut produite, sa contraire était en vogue ; et, comme elle a été renversée par celle-ci, il pourra naître à l'avenir une tierce invention qui choquera de même la seconde. Avant que les principes qu'Aristote a introduits, fussent en crédit, d'autres contentaient la raison humaine, comme ceux-ci nous contentent à cette heure.* »

Observatoire du Mont Palomar

Galaxies spirales (photo ESO Hawk 2010).
Les bras spiraux sont considérés comme des régions où se forment des étoiles.

Chapitre 9

Nouveaux astres

Les observatoires permettent de recevoir et d'analyser les ondes provenant de sources situées à de très grandes distances. On ne détecte pas seulement la lumière, mais d'autres rayonnements : rayons gamma, rayons X, ondes radio émises par des sources lointaines jusqu'à des distances de plus de 10 milliards d'années-lumière. De nouvelles catégories d'astres à l'origine de ces rayonnements sont découvertes et étudiées, les étoiles à neutron, les quasars pulsars...

Les observations de l'espace qui s'étend entre les astres amènent à s'intéresser aux particules qu'il renferme, c'est-à-dire les plasmas intersidéraux et intergalactiques. L'étude de la physique des plasmas se développe en laboratoire, quelques rares astrophysiciens (originaires des pays nordiques) vont l'appliquer aux espaces intersidéraux.

L'électrodynamique quantique (ou relativiste) mise au point de 1937 à 1948 permet de synthétiser les comportements corpusculaire et ondulatoire des particules matérielles. Initiée vers 1930 par Pauli, Heisenberg et surtout Dirac et Fermi, elle n'a cependant pris une forme satisfaisante que vers 1950 sous l'action conjuguée et complémentaire de Feynman, Schwinger, Tomonaga et Dyson (prix Nobel).

Appelé *Cosmologie standard,* le modèle de l'Univers qui repose sur le Big Bang et privilégie la gravitation et ignore la physique des plasmas, s'impose dans toutes les institutions de recherche et les observatoires. Ce modèle doit inventer des notions hypothétiques invérifiables, telles que matière noire, énergie noire, etc. pour s'accorder aux résultats des observations de plus en plus performantes, de la même manière qu'il avait fallu imaginer les épicycles et les équants au temps du géocentrisme. Des grands noms parmi les savants, inconnus du public car ostracisés par les éditeurs scientifiques institutionnels, ont appliqué la physique des plasmas et sont arrivés à des résultats qui contredisent le Big Bang, nous ne devons pas les occulter.

Halton Arp (1927-2013) **et E. Margareth Burbidge** (1919-*)

H. Arp a travaillé dans les plus puissants observatoires de son époque, aux monts Wilson et Palomar. Ses premières recherches en astronomie lui furent confiées par E. Hubble pour la détermination de l'échelle de distance en cosmologie. Il observa les novae de la galaxie M31 (nébuleuse d'Andromède), continua avec des Céphéides depuis l'Afrique du Sud. En 1960, âge de 28 ans, il fut lauréat du prix Helen B. Warner Prize d'astronomie par l'American Astronomical Society, un prix qui récompense « une contribution significative à l'observation ou à la théorie astronomique durant les cinq années précédentes ». La même année, il fut récompensé par le Newcomb Cleveland, prix pour une communication, "Le contenu stellaire des galaxies", présentée à une session commune de l'American Astronomical Society et de AAAS Section. En 1984, à 57 ans, il reçut le prix Alexander von Humboldt Senior Scientist Award avant de quitter les USA la même année pour le Max Planck Insitute en Allemagne, où il fut très bien reçu. C'était donc un astronome aux compétences reconnues par les institutions.

A. Arp

Il a réalisé l'*Atlas of pecular galaxies,* publié pour la première fois par le California Institute of Technology en 1966. Il localisa 338 galaxies de morphologies atypiques. Cet atlas est encore utilisé par les astronomes. Puis ses travaux se sont orientés vers l'interprétation des *redshifts* et la formation de galaxies. Ils entraînent des critiques sérieuses de la théorie du Big Bang. Nous allons résumer quelques unes de ses observations, en empruntant des éléments dans son livre *Seeing Red*.

Galaxies compagnes

En 1969, Arp examina plusieurs cas de petites galaxies voisines d'une galaxie bien plus grande, avec des observations qui selon lui prouvent que ces galaxies ont été expulsées par la grande galaxie. Il tenta de publier ces observations. Nous ne cherchons pas ici à juger la valeur de ses interprétations, mais seulement à montrer les difficultés que rencontre de nos jours un astronome confirmé pour publier des observations qui sont susceptibles de remettre en question le modèle cosmologique ayant la faveur des dirigeants scientifiques.

Comme auteur de l'*Atlas of pecular galaxies*, il connaissait mieux que personne de nombreuses galaxies atypiques. Il rédigea en 1967 son article (*Seeing red* p 91) *Compagnon galaxies at the ends of spiral arms* dans lequel on observe qu'aux extrémités des bras spiraux de certaines galaxies se trouvent des petites galaxies, qu'il appela galaxies compagnes. Leurs *redshits* pouvaient montrer qu'elles avaient un mouvement d'expulsion hors de la galaxie mère. C'était une nouvelle extraordinaire que les bras spiraux d'une galaxie puissent expulser des étoiles, alors que les galaxies peuvent au contraire attirer d'autres galaxies voisines par l'interaction de gravitation. Il envoya son manuscrit à l'importante revue *Astropysical Journal* dont le directeur, un théoricien renommé, lui retourna le manuscrit avec la mention « cela outrepasse mon expérience » sans même l'avoir fait évaluer par des pairs, contrairement à la règle en usage pour les publications scientifiques. Comment le publier alors ? Une nouvelle revue venant de naître en Europe, *Astronomy and Astrophysics* ; fiévreusement il lui envoya en 1969 son manuscrit. Le directeur le fit évaluer par un astronome réputé et conservateur, Jan Oort, et il fut accepté et publié pour la raison que « l'article présentait des observations précieuses et intéressantes ». Arp apprit plus tard que cet astronome était un homme extrêmement poli et agréable, mais avec des opinions d'acier, et qu'il ne partageait pas l'interprétation d'Arp et ne voulait jamais envisager une solution qui violerait les hypothèses courantes d'astronomie ; cependant il ne lui serait jamais venu à l'esprit d'empêcher un chercheur de diffuser une véritable observation, même s'il ne partageait pas son interprétation. « C'était l'éthique d'un gentleman à la mode d'autrefois et aujourd'hui l'éthique a changé. » (Arp).

Il ne fallut pas trop se réjouir. Avant même la publication de l'article, le directeur des observatoires du mont Wilson et du mont Palomar convoqua Arp ; sur son bureau il y avait une copie du manuscrit qui lui avait été envoyé par Chandrasekhar, le directeur de la revue qui l'avait refusé, avec une annotation lui demandant de faire quelque chose. Il reprocha à Arp de s'être mis dans une « fantasmagorie » et lui annonça que son autorisation de travailler à l'observatoire ne serait pas renouvelée l'année suivante. C'était un signal pour tous ceux qui seraient tentés de l'imiter.

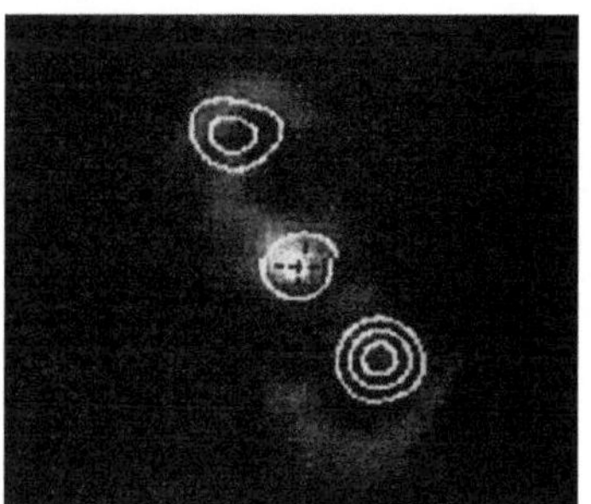 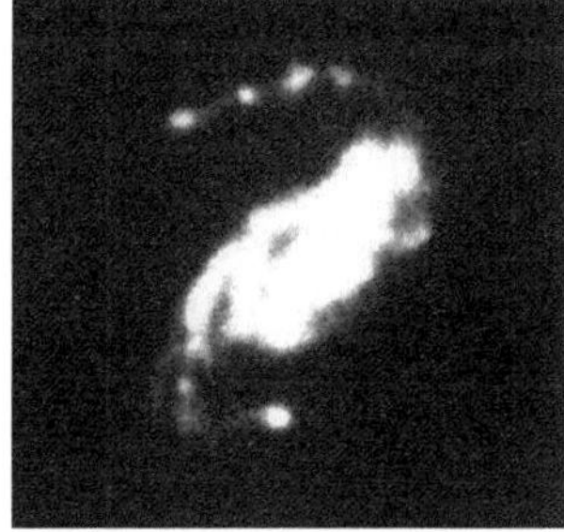

Figure 18. À gauche. Galaxie Mark 573 entourée de deux galaxies compagnes. Les contours représentent les émissions de radio sources par ces galaxies. Le grisé indique une liaison matérielle en hydrogène. (Arp Seeing red : 90-93)

Arp découvrit par la suite plusieurs autres exemples de systèmes de galaxies compagnes, en particulier dans le Catalogue ESO 11-IG 24 il y avait une suite de galaxies compagnes qui ne pouvaient qu'être issues d'un bras oblique de la galaxie mère (figure 18, droite).

Quasars

F. Margaret Burbidge

Le mot Quasar est une contraction pour quasi stars, il s'agit d'astres étranges et encore mal connus, aussi énergétiques qu'une galaxie entière, de fort *redshift*. Ils ont été découverts en 1963 à l'observatoire du Mont Palomar. On ne peut aborder les quasars sans parler de Margaret Burbidge qui en fut l'une des pionnières et reste l'une des meilleurs spécialistes. Elle a été une aide pour Arp par la qualité de ses travaux dans ce domaine nouvellement découvert et par sa ténacité. C'est une astronome réputée, britannique puis devenue américaine.

Peu après leur découverte, Arp s'intéressa (1966) à l'origine de certains quasars ; ses observations l'amenèrent à s'interroger : seraient-ils formés aussi par l'éjection de matière d'une galaxie ? Il raconte comment cela a débuté : « Un astronome des rayons X, Wolfgang Pietsch, vint dans mon bureau avec une carte du voisinage de la galaxie NGC4258. Il me demanda s'il pouvait exister une bonne photographie de l'environnement, pour savoir s'il y avait des sources optiques à l'emplacement des sources X ». Arp lui montra l'une des meilleures photographies qu'il avait prise une douzaine d'années auparavant, puis des observations plus précises par le satellite Rosat permirent à Pietsch de constater que les sources X étaient localisées sur des étoiles bleues. « À cet instant, je sus que ces objets étaient très certainement des quasars. » (Arp). Si la connexion avec la galaxie voisine était confirmée, cela prouverait que les deux quasars avaient été expulsés par cette galaxie, ce qui serait une immense nouveauté et nécessiterait un nouvelle interprétation de l'origine des quasars (ce qui serait encore une contradiction avec la théorie du Big Bang qui dit que les quasars se sont formés très tôt après la naissance de l'univers selon leur interprétation du fort *redshift*). Il fallait une confirmation par l'analyse des spectres des radiations émises, et il était donc nécessaire de pointer un télescope pour réaliser les nouvelles observations. Il y eut deux années de demandes sans succès auprès de plusieurs télescopes européens et américains. « Finalement, Margaret Burbidge, avec le modeste réflecteur de 3 mètres du Mont Hamilton, une nuit d'hiver, enregistra le spectre des deux quasars qui montrait la connexion avec la galaxie ... C'était heureux que le règlement de mise à la retraite ait été aboli aux USA, car à ce moment là, Margaret avait une expérience de 50 ans d'observations ».

Figure 19. Satellite Rosat

La fameuse revue *Astrophysical Journal letters* refusa de publier l'article de Margaret Burbidge. « Dans sa manière ferme, mais de Lady anglaise, Margaret retira son manuscrit de ce journal et l'envoya au journal européen *Astrophysics Letters* [...]. Il est particulièrement terrible dans ces événements, que Margaret Burbidge ait été quelqu'un qui avait donné de longs et distingués services à la communauté scientifique, professeur à l'Université de Californie, directeur du Royal Greenwich Observatory et présidente de l'Association Américaine pour l'Avancement de la Science, parmi d'autres contributions. Il semble qu'il lui était permis de s'envoler pour n'importe où dans le monde à d'onéreuses tâches administratives, mais ses réalisations scientifiques ne devaient pas lui accorder un élémentaire respect scientifique ni un traitement équitable. » (Arp).

De nombreux situations semblables de quasars furent découvertes (figure 20).

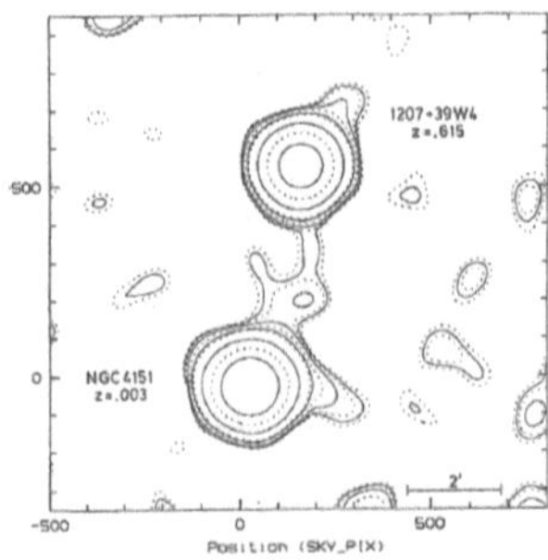

Figure 20. Image en rayons X des surfaces de galaxie NGC 4151 z = 0,03 et d'un type particulier de quasar BL LAC z = 0,615 montrant leur connexion, malgré le très grand écart de *redshift* (Seeing Rred : 52).

Quasar et galaxie NGC7319

Il n'est pas commode de savoir si deux astres apparemment voisins sur un cliché sont voisins dans la réalité ou s'ils sont dans des plans très éloignés, car le télescope ne donne que la direction de la visée. Le recours est l'identification de matière pouvant les relier (figure 20).

En 2004, un ensemble d'observations a fourni une autre quasi certitude du lien de filiation entre un quasar et une galaxie : un quasar avec un *redshift* très fort z = 2.11 a été découvert près du noyau de la galaxie active NGC 7319 qui a un faible *redshift* z = 0.0225, dans le Quintet de Stephen qui se situe à 360 millions d'années-lumière[29] de nous. Les auteurs de l'étude indiquent deux raisons principales pour conclure que ce quasar est associé à cette galaxie. D'abord, la poussière cosmique est si dense dans cette région qu'il est improbable que la lumière provenant d'une galaxie ou d'un quasar bien plus éloigné la traverse et soit visible. Ensuite, un jet de matière est observé, reliant le noyau actif de NGC 7319 à ce quasar, suggérant que la source du quasar a été éjectée du noyau de NGC 7319.

« Trop d'entre eux [les quasars] se trouvent étroitement associés à des galaxies actives proches pour que cela soit accidentel. Si un quasar est physiquement associé à une galaxie, il doit être proche... S'il n'y avait pas ce dilemme du *redshift*, les astronomes auraient pensé que les quasars provenaient de ces galaxies ou étaient tirés par elles comme des balles ou des boulets de canon ... Personne n'avait jamais découvert un quasar avec un si fort redshift 2,11 si proche du centre d'une galaxie active... Si le quasar est proche, son fort *redshift* ne peut être dû à l'expansion de l'Univers ». Ces commentaires proviennent d'interviews de Margaret et de G. Burbidge son époux astronome également, mais ils n'ont pu les publier dans l'article scientifique. La conclusion de l'article dans *Astrophysical Journal* dit seulement : « C'est le seul système trouvé jusqu'à présent dans lequel il est possible de démontrer encore plus clairement que le quasar et la galaxie interagissent. » Il n'est pas possible de publier dans une revue universitaire un commentaire qui contredit formellement le Big Bang.

---

29. Pasquale Galianni, E. M. Burbidge, H. Arp, V. Junkkarinen, G. Burbidge, Stefano Zibettiar. 2005. The Discovery of a High Redshift X-Ray Emitting QSO Very Close to the Nucleus of NGC 7319. The American Astronomical Society. All rights reserved. Volume 620, Number 1. The Astrophysical Journal, Volume 620, Number 1.

Plusieurs dizaines de couples de quasars ont été observés alignés de part et d'autre d'une galaxie, les calculs de probabilité montrent que cela ne peut être dû au hasard (Galiani et al 2004).

Les travaux de Arp et Burbidge montrent que certains quasars et des galaxies compagnes peuvent être créés par une galaxie mère, ils sont donc plus jeunes que la galaxie mère et peu éloignés. Cela contredit ce qu'indique la loi de Hubble. Cette loi reste valable pour les Céphéides, mais ne peut être appliquée à toutes les galaxies.

Quantification des redshifts

Dès 1967, Geoffrey et Margaret Burbidge avaient remarqué que des valeurs particulières de *resdshift* des quasars se répètent souvent. Puis, un jeune chercheur de l'Observatoire de l'université d'Upssala en Suède, K.G. Karlsson[30], montra que ces valeurs étaient quantifiées selon une loi $(1+z_{n+1})/(1+z_n) = 1{,}23$ d'après les observations des Burbidge. Cette quantification a été vérifiée sur des centaines de quasars par de nombreux astronomes de plusieurs pays – les Burbidge, Vesa Junkkarinen, Pasquale Galianni, Halton Arp, Stefano Zibetti.

On observe également des périodicités pour les *redshifts* des galaxies proches mais de plus faible amplitude. « Pour les quasars, des pas de $z = 1.96, 1.41, 0.96, 0.60, 0.30$ et 0.06 ; pour les galaxies de $z = 0.0002$ et 0.0001 (cz[31] $= 72$ et 37.5 km/sec) » (Tift, Guthrie, Napier).

La quantification n'est pas explicable par une expansion de l'Univers.

---

30. Possible Discretization of Quasar Redshifts, Astronomy and Astrophysics. Juillet 1971 et On the existence of significant peaks in the quasar redshift distribution. Mai 1977, Astronomy and Astrophysics 58:237-240. Karl-Göran Karlsson.
31. Le produit cz est couramment utilisé pour indiquer un taux d'expansion de l'univers dans la cosmologie standard.

Les astronomes *Arp et Narlikar* ont proposé une interprétation de la quantification à l'aide d'une théorie découlant des idées de Mach, selon lesquelles la valeur des masses dépendrait de l'âge de la matière à partir du moment de sa création. Il s'agirait d'une création discontinue de matière dans le noyau des galaxies. Cette interprétation reste à vérifier. Il en existe d'autres, par exemple Moret Bailly fait intervenir les niveaux d'énergie de l'hydrogène pour certaines quantifications dans les galaxies.

Toutes ces observations sur les galaxies et les quasars remettent en cause le Big Bang qui repose sur une interprétation des *redshifts* comme preuve d'une expansion de l'univers, que l'on attribue traditionnellement à Hubble. Pourtant, « Hubble, dans sa dernière conférence devant la Royal Society, laissait toujours ouverte la possibilité que le *redshift* ne signifie pas vitesse de récession mais pourrait être causé par quelque chose d'autre » (Arp). De nos jours, les arguments sont de plus en plus nombreux dans ce sens.

Chapitre 10

Le plasma cosmologique

Figure 21. Kristian Birkeland reproduit une aurore polaire en laboratoire.

Les astronomes ont observé depuis longtemps les grandes concentrations de matière que sont les astres. Pourtant, les très vastes étendues situées entre ces astres possèdent des quantités de matière au total équivalentes à celles des astres, mais sous forme de particules très dispersées et en mouvement. Cette matière n'a été sérieusement prise en considération qu'à partir de la deuxième moitié du XXe siècle par une minorité de chercheurs, c'est le domaine des plasmas de l'espace, dont l'étude avait été initiée par le physicien norvégien Kristian Birkeland (1867-1917), qui ouvrit la voie en étudiant les aurores boréales. Il avait mis en évidence des courants électriques, provenant de particules déviées par les champs magnétiques, que l'on nomme aujourd'hui *courants de Birkeland*. Il réalisa un dispositif permettant de reproduire des aurores boréales en laboratoire (figure 20), un travail scientifique en relation avec la réalité concrète et pas seulement sur des hypothèses théoriques. C'était aussi un inventeur dans de multiples domaines.

Hannes Alfvén (1908-1995)

Physicien suédois, H. Alfven a d'abord travaillé sur les plasmas de laboratoire puis ceux de l'espace au Department of Plasma Physics Royal Institute of Technology Stockholm en Suède, et au Department of Electrical and Computer Engineering University of California, aux USA.

Le plasma est un gaz composé de particules électrisées (électrons, protons, noyaux d'hélium) à des températures et des vitesses élevées. À partir de la fin des années 1930, Alfvén a développé une théorie sur les aurores boréales, qui a conduit à la magnéto-hydrodynamique qui traite des relations sur les mouvements des plasmas, les courants et champs électriques et les champs magnétiques, d'après des expérimentations de laboratoire ainsi que des observations astronomiques. Il obtint le prix Nobel en 1970 pour *travaux et découvertes fondamentales en magnétohydro-dynamique avec des applications fructueuses dans différentes parties de la physique des plasmas*[32]. Il découvrit les *ondes d'Alfven* dans les plasmas, elles ont été observées en 2007 dans la

---

32. Fundamental work and discoveries in magnetohydro-dynamics with fruitful applications in different parts of plasma physics.

couronne solaire, permettant d'expliquer la très haute température qui y règne.

Alex Dessler raconte que pendant sa visite à l'Université de Chicago, Alfven donna une conférence à laquelle assista le célèbre physicien Enrico Fermi. Pendant qu'Alfven décrivait ses travaux, Fermi hochait la tête et disait « bien sûr ! ». Le lendemain, tout le monde de la physique, dit « bien sûr ! »…

Témoignages d'Alfen sur l'astrophysique (1988)

« Les étudiants qui utilisent des manuels d'astrophysique restent fondamentalement ignorants de l'existence même des concepts du plasma, malgré le fait que certains sont connus depuis un demi-siècle. La conclusion est que l'astrophysique est trop importante pour être laissée entre les mains d'astrophysiciens qui ont tiré leurs principales connaissances de ces manuels. Les données des télescopes terrestres et spatiaux doivent être traitées par des scientifiques qui connaissent bien la physique de laboratoire et la magnétosphère et la théorie des circuits, et bien sûr la théorie moderne du plasma. » (Alfven, Dean of the Plasma Dissidents 1988).

Sur la Relativité générale

« … [La théorie de la Relativité générale] est arrivée dans les mains de mathématiciens et cosmologistes, qui ont très peu de contact avec la réalité sensible. Plus encore, ils l'ont appliquée à des régions qui sont très éloignées, et compter les distances aussi éloignées n'est pas très facile. Beaucoup de ces scientifiques n'ont jamais visité un laboratoire ou regardé à travers un télescope, et même s'ils l'avaient fait, cela aurait été contre leur dignité de se salir les mains. Ils ont accepté l'avis de Platon de se concentrer sur l'aspect théorique de leur sujet et ne pas s'ennuyer sans fin avec les mesures physiques. Ils regardèrent de haut les physiciens observateurs et expérimentateurs dont le travail était seulement de confirmer leurs savantes conclusions. Ceux qui n'étaient pas capables de les confirmer furent jugés incompétents. Les astronomes faisant les observations furent soumis à la forte pression des prestigieux théoriciens [...].

L'inscription à l'entrée de l'académie de Platon "que celui qui n'a pas appris la géométrie [euclidienne] n'entre pas ici" fut modernisée en "que celui qui n'a pas appris la géométrie de Minkovski[33] n'entre pas ici". Le débat cosmologique est devenu le monopole des croyants au Big Bang qui ont étudié la relativité générale depuis des années. Personne d'autre n'est autorisé à avoir des vues sur la cosmologie. Les manuels sur la cosmologie moderne débutent par la Relativité générale et la plupart du temps ne mentionnent même pas les points de vue alternatifs. Encore plus grave est le fait que seules les observations qui par quelque effort d'imagination pourraient être interprétées comme aidant la théorie du Big Bang sont mentionnées. Le nombre croissant d'observations qui prouvent que l'hypothèse du Big Bang est fausse sont poussées sous le tapis. »

La cosmologie euclidienne

« Un calcul de la densité [de matière cosmologique] démontre que la différence entre un traitement par des formules de Relativité générale – qui devrait bien sûr être utilisée – et la mécanique newtonienne ne représente que quelques pour cent. Par conséquent, compte tenu des exigences de précision, un traitement en géométrie euclidienne est satisfaisant. Nous n'avons pas besoin d'utiliser des formules de relativité générale dans les études de l'évolution métagalactique. »

Le Big Bang

« Le mathématicien et physicien belge, abbé Lemaître, était un spécialiste de la Relativité générale. Il eut un dilemme personnel : comme membre important de la hiérarchie catholique il devait croire dans la création *ex nihilo* de Saint Thomas, mais comme expert de la

---

33. Espace de Minkovsky à 4 dimensions pour la relativité.

relativité générale il avait des difficultés à réconcilier cela avec la science. Il trouva une ingénieuse solution, en assimilant le point singulier qui apparaît dans quelques solutions de la théorie de la relativité générale avec la création *ex nihilo*. Quand je le rencontrai à l'Astronomical Union en 1938, il essayait de faire cette cosmologie, sur ce qu'il appelait "l'atome primitif", généralement acceptée, mais avec peu de succès. Il y avait une réticence générale de mêler la religion à la science qui souvent se fait aux dépens de la science.

Ensuite arriva la guerre qui comme toujours produit un surcroît de religiosité, et alors vint Georges Gamov. C'était un physicien très intelligent et charmeur, mais un propagandiste encore meilleur. Plusieurs de ses manuels et de ses livres de vulgarisation sont excellents. Il a introduit une nouveau style dans la vulgarisation scientifique.

Dans sa série de livres *Mr Tomkin*, il présente la nouvelle physique d'une manière que les scientifiques trouvent à la fois correcte et fascinante. Toutefois, le grand public a facilement l'impression que la science consiste en un certain nombre d'absurdités qui ne devraient pas être comprises, mais acceptées *sole fide*[34] sous l'autorité de célèbres scientifiques. La limite entre la science popularisée et la science-fiction est effacée. Dans sa *Biographie de la Terre* il dit que la Lune a été expulsée de l'Océan Pacifique. Quand Kuiper le rencontra, il lui reprocha durement "George, crois-tu vraiment que la Lune provient de l'océan Pacifique ?" Il répondit, "non, bien sûr que non, mais ça fait une si belle histoire !".

Quand j'appris que Gamov s'intéressait à la théorie de Lemaître, je pensai qu'il avait trouvé une autre "belle histoire" sur laquelle il aimerait tester son formidable charme et sa capacité de convaincre les gens de croire aux absurdités. Un peu plus tard cette théorie fut appelée Big Bang et accueillie avec enthousiasme par ceux qui aimaient les absurdités de *Mr Tomkin*.

Il y a très longtemps, le Père de l'Église Tertullien disait *Credo quia absurdum*[35]. Il comprenait que pour les gens religieux la vérité n'est pas

---

34. Par la foi seule.
35. Je crois parce que c'est absurde.

tellement essentielle quand il s'agit de croire aux miracles et merveilles, choses aussi éloignées que possible de leur vie quotidienne banale et tourmentée. Gamov l'avait aussi compris. La fascination du Big Bang provenait de ce qu'il était tellement éloigné de ce que les astronomes déclaraient généralement. Un espace à quatre dimensions un point singulier où les lois ordinaire de la nature n'étaient pas valides, tout cela ne pouvait pas être critiqué par des gens ordinaires. C'était *si absurde, qu'il fallait croire.*

Gamov affirma que le Big Bang rendait parfaitement compte de 'toutes' les propriétés de l'univers, l'expansion de Hubble, le fond de radiation 3 K, l'origine de tous les éléments, etc. Beaucoup de ses théories s'avérèrent fondamentalement déraisonnables. De meilleures observations ont montré que ses prédictions l'une après l'autre se sont révélées fausses. Les croyants du Big Bang reconnaissent aujourd'hui comme seul support le fond de radiation et peut être la production d'un ou deux des plusieurs centaines de noyaux prédits par Gamov. Une analyse critique montre que ces phénomènes peuvent être expliqués d'autres manières plus simples. Il est particulièrement important de noter la radicale révolution en astrophysique qui est maintenant causée par les récentes découvertes dans l'espace. [...]

Gamov et moi avions discuté de la science et la religion et du danger de les mélanger. J'écrivis à Gamov pour le féliciter de sa fascinante histoire de science-fiction mais réalisai bientôt que l'enthousiasme général suscité par le Big Bang lui avait fait accepter que c'était la vérité de l'univers. Ma lettre arriva donc trop tard pour sauver son âme. »

Une science-fiction institutionnalisée

« Les croyants du Big Bang ont rapidement pris le pouvoir. Les observateurs des phénomènes cosmologiques se plaignent souvent que si leurs résultats ne confirment pas le Big Bang, ils sont étiquetés comme observateurs incompétents avec tout ce que cela entraîne comme suppression de financement de leurs recherches, alors que si leurs résultats peuvent être revendiqués pour soutenir le Big Bang, leur travail est généreusement financé. Avec beaucoup d'autres, je sais qu'il est difficile de faire publier les objections, et si j'ai réussi, généralement l'existence de mes objections n'est même pas mentionnée dans le débat cosmologique. J'ai publié plus de 30 articles, et une partie du quatrième et du sixième chapitre de ma monographie *Cosmic Plasma* est consacrée à une analyse de la cosmologie. Quelqu'un en a-t-il entendu parler ? Seulement dans les listes de Big Bang bashers ! [36]

Dans les discussions sur la cosmologie, on entend souvent : il faut croire au Big Bang car il n'existe aucune autre cosmologie. En effet, cela peut apparaître ainsi, et la raison en est que les alternatives sont impitoyablement supprimées. Quand j'ai commencé à critiquer le Big Bang, je fus catalogué comme fou. Je suis toujours traité comme fou par les puissantes sections de l'établissement scientifique. »

La Recherche dans l'espace et la transition de paradigme dans la physique cosmique

« Les progrès scientifiques dépendent du développement de nouveaux instruments. La recherche dans l'Espace a changé nos possibilités d'explorer l'environnement à grande échelle d'une manière si drastique qu'une révision approfondie de la physique du Cosmos se met en place actuellement.

Tout d'abord, les observations dans l'espace rendent presque tout le spectre électromagnétique disponible. Auparavant, moins d'un tiers des octaves (le visuel et une part des radiofréquences) nous fournissaient des informations. Les nouveaux domaines incluent l'astronomie des rayons X et des rayons gamma, et la plupart des nouveaux phénomènes découverts dans ces domaines sont évidemment dus aux effets du plasma. Ceci signifie que l'importance décisive de la physique de l'hydromagnétisme et du plasma est devenue de plus en plus évidente.

---

36. « Je n'ai aucun mal à publier dans des revues astrophysiques soviétiques, mais mon travail est inacceptable pour les revues astrophysiques américaines. » (Alfven)

En outre, durant les années 1970 les mesures *in situ* dans la magnétosphère, y compris la région de vent solaire (*solar magnetosphere*) ont changé radicalement notre compréhension des milieux cosmiques. De plus, nous avons appris comment généraliser les investigations du plasma d'une région à d'autres régions. Ceci signifie que les investigations de laboratoire sur une étendue, disons, de 10 cm peuvent être utilisées pour atteindre une meilleure compréhension des plasmas cosmiques de dimensions magnétosphériques, disons 10^{10} cm [100 000 km]. Dans une autre étape de 10^9 nous pouvions transférer les résultats de laboratoire et de magnétosphère aux plasmas galactiques de, disons, 10^{19} cm [1000 années-lumière]. Un troisième saut de 10^9 nous amène à la distance de Hubble 10^{28} cm [10 milliards d'années-lumière] et ainsi aux problèmes cosmologiques.

Tout ceci a conduit ou est en train de conduire à une révision de concepts de plasmas cosmiques, qui en de nombreux aspects est si radicale qu'il est approprié de parler d'un changement de paradigme. Comme notre environnement cosmique consiste en plasma à plus de 99,999... pour cent (en volume), ceci implique une révision pour une large part de la physique cosmique.

Une liste de quatorze champs d'astrophysique qui doivent être révisés a été donnée (Alfven 1981, 1982b, 1983). Ceux qui sont le plus concernés pour notre sujet sont :

a Double couche électrique...

b Les plasmas cosmiques sont souvent non homogènes, mais présentent des "structures filamenteuses"...

c... d...

e Les arguments de la non-existence d'antimatière dans le cosmos ne sont pas valides ... cf quasars

f Les émissions radio, rayons X, rayons gamma et l'accélération des rayons cosmiques sont largement dûs aux processus de plasma...

Par conséquent, il ne reste pas grand-chose de la base d'observation pour le Big Bang. En effet, *"l'espace matériel donne une image essentiellement tri-dimensionnelle et hautement inhomogène, à cause de la dominance de la physique hydromagnétique et du plasma.*

En contraste, *le scénario du Big Bang est d'un espace à quatre dimensions et fondamentalement homogène"*.

En tenant compte de l'incertitude qui est inhérente à toutes les cosmologies, il semble que la situation est à présent similaire à ce qu'elle était au temps de Saint Thomas : "La raison peut seulement être satisfaite avec la supposition que le monde n'a pas de commencement". La doctrine du commencement et de la non-éternité du monde doit être reçue *sola fide* comme un acte de pure foi par déférence aux autorités. » (Extraits de 1984 Cosmology : Myth or Science ? © Indian academy of science, et Alfven 1988. Has the universe an origin ?, trad. G. Jouve).

À la suite des travaux d'Alfven, l'environnement du soleil est traité par la magnéto-hydrodynamique dont il été le pionnier. L'environnement du centre galactique est également le siège de phénomènes de magnétohydrodynamique. Après sa mort, des *structures filamenteuses* sont observées de plus en plus loin dans l'espace, actuellement jusqu'à 12 milliards d'années-lumière (proto-amas SSA22), ce qui confirme ses considérations sur l'Espace intergalactique (figure 22 et page suivante). Les filaments ne peuvent se former dans l'espace homogène par la gravitation de la cosmologie standard, il faut pour cela des courants électriques (les plasmas).

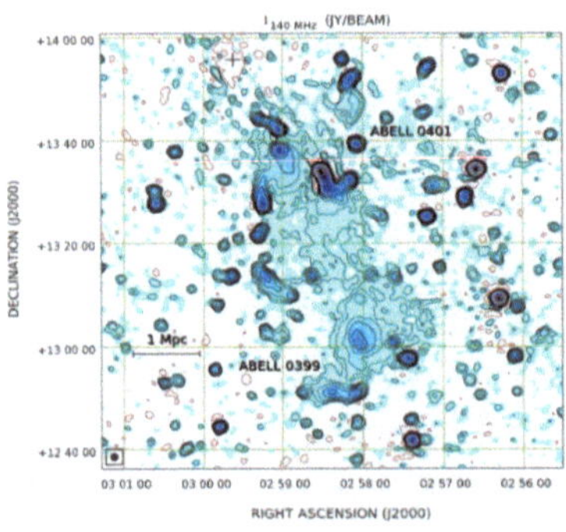

Figure 22. Radio-émissions à 140 MHz

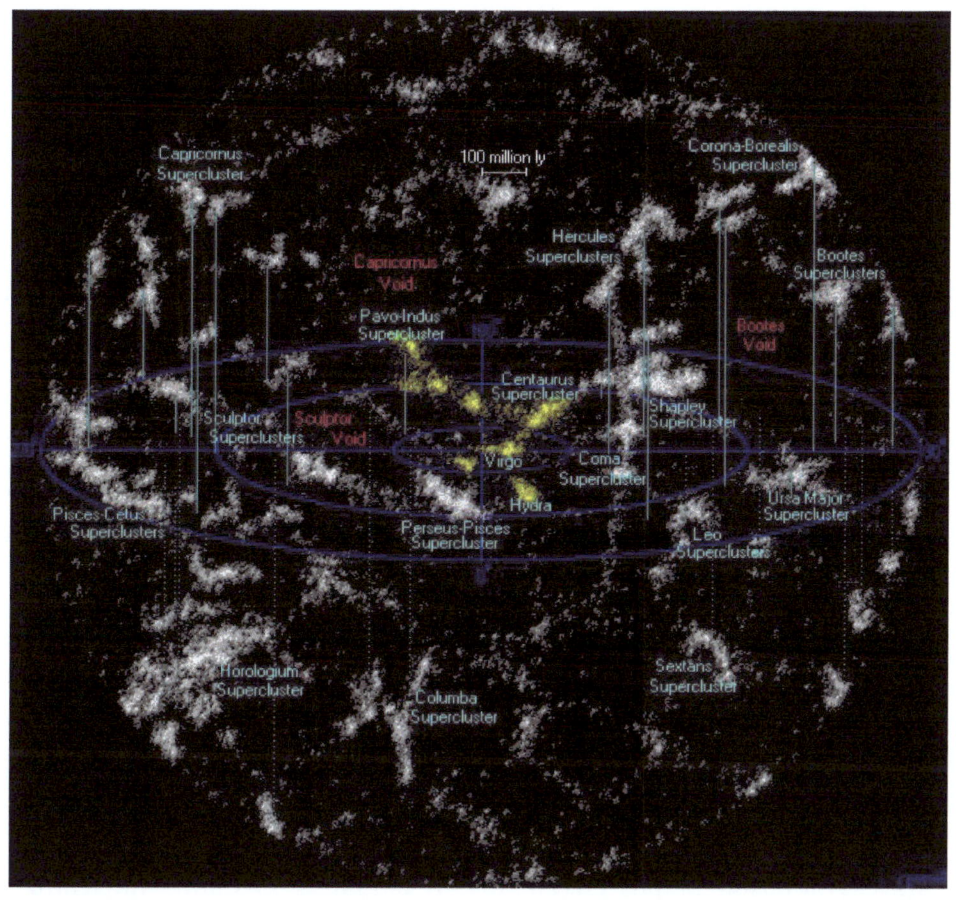

Structure filamenteuse des super amas de galaxies dans un rayon de 1 milliard d'années-lumière autour de notre galaxie. Au centre, en jaune, le super amas Laniakea dont notre groupe de galaxies fait partie. (R. Powell 2016)

Chapitre 11

La résolution du problème du redshift
(décalage vers le rouge)

Alfven s'était opposé vigoureusement au Big Bang, mais pas directement à l'interprétation du *redshift* comme découlant d'une expansion de l'univers[37]. Il n'avait pas effectué de calculs de propagation des ondes lumineuses dans les plasmas intergalactiques. Un autre physicien du plasma venant du nord, Ari Brynjolsson le fit et le diffusa une dizaine d'années après le décès d'Alfven, ce qui règle la plupart des problèmes sur cet important sujet, mais reste inconnu de la plupart, car peu diffusé.

Ari Brynjolfsson (1926-2013)

Les pays du Nord de l'Europe ont fourni deux grands astrophysiciens, Alfven et Brynjolfsson. Le spectacle des aurores boréales et les longues durées des jours et des nuits les ont certainement sensibilisés à la puissance des phénomènes électriques venant du ciel. Ari Brynjolfsson naquit en Islande, il étudia la physique nucléaire à l'institut Niels Bohr de Copenhague de 1948 à 1954, où il obtint un doctorat sur les radiations cosmiques et la création d'un magnétomètre sensible. Il dirigea l'institut de Radiations pour le gouvernement danois (1957-1965) puis pour l'armée US. Il fut également directeur de IFFIT (International Facility for Food Irradiation Technology, des Nations unies), et directeur de Applied Radiation Industries à Wayland, Massachusetts. Il eut de multiples activités, ce qui donne une ouverture d'esprit que possèdent plus rarement les chercheurs cantonnés dans une

---

37. Il avait admis avec Klein que ce que l'on appelle expansion de l'Univers ne concerne qu'une partie de l'Univers, celle que l'on peut observer.

seule discipline. En 1973, il publia une thèse intitulée *Some Aspects of the Interactions of Fast Charged Particles with Matter* qui l'amena à travailler sur la relation entre le plasma et le *redshift*. Il a raconté comment cela a débuté[38], en famille :

« Trois jours avant Noël 1978 en réponse aux questions sur la cosmologie du Big Bang par deux de mes fils alors au lycée, je l'expliquai, ainsi que les cosmologies alternatives, et leur dis : "je ne crois en aucune de ces explications. Ce n'est pas de cette manière que la nature fonctionne". Ils continuèrent à me questionner. J'étais familier des interactions avec la matière. J'en connaissais les équations. Je pris une enveloppe et fis quelques calculs au dos. Je vis que les physiciens avaient oublié une importante section efficace, celle du *redshift* du plasma. L'amélioration que je fis était de prendre en compte correctement la constante diélectrique, qui inclut les termes d'amortissement dans les équations du mouvement des électrons pour l'interaction avec les photons. Conventionnellement la constante diélectrique est posée égale à 1, ou tout au mieux à la partie réelle. Ces approximations ne peuvent jamais conduire au *redshift du plasma*. Je pensai qu'il serait facile de l'expliquer aux collègues, mais j'ai tout trouvé sauf facile. À l'Institut Niels Bohr de Copenhague, j'avais défendu ma thèse sur un sujet proche "Quelques aspects de l'interaction avec la matière de particules chargées à grande vitesse" ; et j'avais travaillé sur toutes sortes d'interactions de radiations avec la matière. Je soupçonne que la réticence d'accepter ma déduction théorique sur la section efficace pour le *redshift* prend racine dans ses conséquences révolutionnaires. Elle explique par la physique simple beaucoup de phénomènes solaires, le *redshift* cosmologique et beaucoup d'autres phénomènes sans la dilatation cosmique du temps, l'expansion accélérée, l'énergie sombre, l'inflation, la matière sombre ou les trous noirs. Les professeurs et étudiants diplômés sont fortement engagés dans la cosmologie du Big Bang et sont totalement convaincus qu'elle est correcte. Les cardinaux physiciens du XVIIe siècle étaient les plus instruits et ils étaient

---

38. Brynjolfsson, Plasma redshift cosmology, 2010
https://issuu.com/aribrynjolfsson/docs/plasma_redshift_cosmology_10062010_pub

convaincus qu'ils savaient tout sur le ciel et que le modèle géocentrique de Ptolémée avec ses épicycles pour représenter les mouvements des planètes était correct. Aussi quand Galileo Galiléi montra une autre perspective, ils la rejetèrent et ne furent pas intéressés. La réticence à accepter une simple déduction du *resdshift* du plasma doit probablement avoir des causes semblables. » (Brynjolfsson, extraits de *Plasma redshift cosmology*).

Brynjolfsson a traité la propagation de la lumière dans le plasma chaud et peu dense de l'Espace, avec les lois de physique reconnues et bien établies depuis longtemps, comme la mécanique classique newtonienne, les équations de Maxwell et aussi la mécanique quantique, la relativité, chacune dans son domaine de validité. Il tenait compte de la largeur spectrale du photon (train d'onde et analyse de Fourier) et de l'amortissement, faible, des électrons dans le plasma, ce qui n'avait jamais été fait avant lui pour le plasma de l'Espace, car écrit-il, dans les expériences de laboratoires elles sont négligeables, mais sur les très longues distance de l'Espace, il faut en tenir compte. Il arriva à une formule de la variation (dérivée) de l'énergie du photon le long de son parcours. Elle montre une perte d'énergie qui se traduit par un *redshift* du photon à cause de la relation de Planck entre énergie et fréquence ; la conservation de l'énergie permet d'évaluer un transfert au plasma électronique avec des effets thermiques.

> « Les conséquences sont multiples et vérifiées, elles expliquent :
> la densité et les températures dans la couronne solaire
> les *redshifts* intrinsèques du Soleil des étoiles quasars et galaxies
> la couronne galactique[39]
> le *redshift* cosmologique
> le fond de micro-onde cosmique
> le fond de rayonnement X cosmique
> les sursauts rayons X
> la densité de matière intergalactique

---

39. La galaxie est entourée d'un vaste halo, Brynjolfsson utilise le terme *galactic corona*.

la transformation des vieilles étoiles en matière primitive, dans les centres des galaxies, en relation avec la masse des photons en relativité générale

et un grand nombre d'autres phénomènes.

Nous n'avons trouvé aucune observation qui le contredise. »
(Brynjolfsson 2009)[40]

Il n'eut pas besoin d'introduire des hypothèses non vérifiées comme les masses et énergies sombres ou noires, ni d'expansion de l'espace. Les résultats de Brynjolfsson, comme ceux de Copernic en leur temps, résolvent toute une série de problèmes laborieusement interprétés par les constructions hypothétiques de leurs prédécesseurs. Deux conséquences sont particulièrement importantes, l'une sur le *redshift* de l'espace intergalactique appelé aussi *redshift cosmologique*, l'autre sur la masse du photon compatible avec la théorie de la relativité générale. Comme Copernic, il a publié tardivement tous ses calculs, à partir de 2004 (à 78 ans) sur les travaux qu'il avait entrepris 35 ans auparavant.

A. Brynjolfsson

40. Ari Brynjolfsson. Plasma-Redshift Cosmology: A Review. 2nd Crisis in Cosmology Conference, CCC-2 ASP Conference Series, Vol. 413, c 2009 Frank Potter, ed. Applied Radiation Industries.

Fondements des calculs de Brynjolfsson

(pour davantage de développements, se reporter aux documents pages 187 et suivantes)

Le redshift intergalactique et la loi de Hubble

En appliquant les lois de la physique, Brynjolfsson obtint une expression du *redshift* z en fonction de N_e densité locale en électrons par unité de volume, R longueur du parcours, γ_i et γ_0 les largeurs spectrales de photon respectivement quantique et classique, ξ un facteur d'ajustement déterminable expérimentalement :

$$\ln(1+z) = 3.3262 \cdot 10^{-25} \cdot \int_0^R N_e \cdot dx \quad + \quad \frac{(\gamma_i - \gamma_0)}{\xi \cdot \omega}$$

(Le second terme à droite est négligeable pour l'espace intergalactique.)

Une relation apparaît entre la distance parcourue et z, cela découle simplement des lois de la physique sans aucune hypothèse. L'intégrale peut aussi s'écrire sous forme d'un produit de la densité moyenne N_{emoy} électronique avec la distance R :

$$\ln(1+ z) = 3{,}3362 \ 10^{25}. \ N_{emoy} . R \ ;^{41} \quad \text{(en unités cgs)}$$

Pour les valeurs faibles de z on obtient par approximation une relation de proportionnalité $z = 3{,}3362 . 10^{25} . N_{emoy} . R$ qui a la même forme que la relation de Hubble. Brynjolfsson l'a comparée aux valeurs numériques de la loi de Hubble, qui est expérimentale. Il y a identité pour la valeur moyenne de densité $N_{emoy} = 2 .10^{-4}$ cm^{-3} (soit 1 électron dans un volume de 5 litres). On obtient donc, en utilisant la loi de Hubble et sans faire d'hypothèse, une valeur moyenne de la densité d'électrons dans l'espace intergalactique.

---

41. « En différenciant, nous voyons que dR/dz est proportionnel à 1/(1 + z), qui diminue avec z. Aussi, cela a amené les cosmologistes du Big Bang à penser que l'expansion de l'univers s'accélère. » (Brynjolfsson).

La théorie du Big Bang pour être compatible avec la loi de Hubble a nécessité des hypothèses sur la densité de masse et d'énergie de l'univers, qui ne sont toujours pas mesurées, l'existence d'une matière noire (ou sombre) et d'une énergie noire inconnues c'est-à-dire non mesurables ; malgré cela elle s'écarte de loi de Hubble si on tient compte de la dilatation du temps que la relativité générale impose. Cette hypothèse du Big Bang aboutit à une densité d'électrons 1200 fois plus faible que ce que donnent les lois de physique appliquées par Brynjolfsson, qui elles ne reposent sur aucune hypothèse.

La vérification de la valeur de la densité en électrons intergalactiques N_{emoy} calculée par Brynjolfsson est assurée par des résultats expérimentaux :

« 1) relation magnitude-*redshift* cosmologique, 2) les relations du fond micro-onde (CMB) pour la température du corps noir en fonction de la densité et de la température des particules, 3) l'intensité du fond de rayons X (XRB) en fonction de la densité et de la température des particules, 4) la relation *redshift*-distance pour les supernovae SN Ia, et 5) la relation entre les décalages vers le rouge cosmologiques et la luminosité de surface, sont tous cohérents avec la densité moyenne N_{emoy} = $(1{,}95 \cdot 10^{-4}) \cdot (H_0 / 60)$ cm $^{-3}$, et une température moyenne des électrons Te = $2{,}7 \cdot 10^6$ K dans l'espace intergalactique. » (Brynjolfsson)

La masse gravitationnelle nulle pour le photon

Les mesures du *redshift* de la lumière provenant du Soleil (dans les raies de Fraunhofer) correspondent au résultat du calcul réalisé selon la formule de Brynjolfsson, en tenant compte des densités d'électrons qui sont évaluables dans cet environnement proche (voir annexe documents 189 ; 198). Cela a alerté Brynjolfsson, car habituellement on attribue[42] ce *redshift* à un effet gravitationnel du Soleil (correspondant à la dilatation du temps par le fort champ gravitationnel du Soleil selon la Relativité générale). Brynjolfsson accepte la Relativité Générale et donc l'existence d'un *redshift* gravitationnel proche du Soleil. Il constate par

---

42 Malgré des écarts.

le calcul qu'au cours du trajet vers la Terre apparaît un effet inverse correspondant à la diminution du champ de pesanteur solaire au cours du trajet qui a pour effet cumulé d'annuler le *redshift* gravitationnel du Soleil. Pour Einstein, cet effet gravitationnel inversé au cours du trajet Soleil-Terre n'existe pas, car le photon garderait sa fréquence de départ[43]. C'est une erreur selon Brynjolfsson, car les ondes sont des suites de trains d'onde de longueur bien inférieure à la distance Soleil-Terre (à cause de la mécanique quantique et du principe d'incertitude de Heisenberg) et au cours du trajet ils sont soumis au temps local qui en variant modifie la longueur d'onde. (Pour que le choix d'Einstein soit juste, il faudrait que le train d'onde reste lié au Soleil, c'est-à-dire s'étende sur la longueur joignant le Soleil à la Terre.)

Une conséquence est importante sur la lumière. Le photon est une particule en même temps qu'un train d'onde, pour qu'il s'éloigne du Soleil, il lui faudrait recevoir de l'énergie, de la même manière que pour faire s'élever un projectile au dessus du sol, il faut lui communiquer de l'énergie. Or la lumière effectue le trajet sans qu'on lui fournisse de l'énergie pour vaincre la gravitation, Brynjolfsson en déduit selon la relativité générale que le photon n'a pas d'énergie gravitationnelle, que sa masse n'est pas gravitationnelle mais seulement inertielle, vue dans un référentiel local, c'est-à-dire depuis son voisinage (c'est une condition d'application des lois de la Relativité Générale). Or sa masse d'inertie existe, elle est égale à hv/c^2, la masse gravitationnelle nulle ne serait donc pas égale à la masse d'inertie. Cela contredit le principe d'équivalence d'Einstein qui postule que la masse d'inertie est égale à la masse gravitationnelle dans tous les cas, ce qu'il croyait vérifié par toutes les observations[44]. Brynjolfsson reconnaît que ce principe d'équivalence

---

43. Einstein doutait jusqu'à la fin de sa vie de son point de vue sur la lumière : lettre à Besso le 12 décembre 1951 : « Un total de cinquante années de spéculation consciente ne m'a pas rapproché de la réponse à la question "Que sont les quanta de lumière ?" ».

44. On pourrait objecter que la masse gravitationnelle du photon a été prouvée par l'effet de lentilles gravitationnelles produit par une galaxie. Cet effet peut être calculé par la courbure de l'espace autour de l'étoile, sans avoir recours à la masse gravitationnelle.

reste valable pour toutes les particules, mais pas pour le photon qui est très particulier. Il explique que les expériences qui ont été effectuées pour vérifier la masse gravitationnelle du photon ont été réalisées sur des distances ne permettant pas de conclure à cause du principe d'incertitude de Heisenberg. Par exemple l'expérience de Pound et Rebka (1989) utilise une durée de trajet du photon trop courte (10^{-7} s, 22,6 m) et un train d'onde trop long, ne lui permettant pas de se synchroniser avec le temps gravitationnel local, alors que le trajet depuis le Soleil (8,3 min) le permet amplement. Il justifie cela par la mécanique quantique.

Renouvellement de la matière au centre des galaxies

Une conséquence inattendue et surprenante du photon non gravitationnel remet en question l'existence des trous noirs. Cela concerne surtout le centre des galaxies, que la Cosmologie standard suppose être un trou noir super massif. Le champ gravitationnel y est suffisamment fort pour concentrer très fortement la matière. Il attire la matière avec une énergie beaucoup plus grande que son énergie de masse (mc^2), il se produit alors des réactions de fission des noyaux qui conduisent à un plasma de protons, neutrons, quarks-gluons et de photons non gravitationnels. Ces photons sont poussés vers le centre où ils forment une *bulle* de photons. Cette *bulle* non gravitationnelle selon Brynjolfsson empêche l'ensemble d'acquérir un trop fort pouvoir attractif pour devenir un trou noir ou un trou noir super massif. Brynjolfsson l'appelle alors Candidat Trou Noir (BHC[45]) ou candidat super massif trou noir SMBHC[46], puisque ce n'est pas un trou noir. La très forte énergie thermique agit, « puis les fermions sont libérés sous forme de Sursauts Gamma et de matière primitive, qui conduisent alors à une nucléosynthèse de type primitive et de la matière nouvelle. Cela explique selon lui les Quasars et les régions de formation d'étoiles autour du SMBHC au centre de notre galaxie » (Brynjolfsson 2009). Cette création

---

45. Black Hole Candidate
46. Super massif trou noir candidat.

d'étoiles au centre des galaxies est compatible avec les observations de H. Arp.

Émissions de micro-ondes, radio-sources, dispersion

La réception et l'étude des micro-ondes (de longueur d'onde de quelques centimètres en général) provenant de l'espace ont entraîné des progrès significatifs dans la connaissance des plasmas de l'espace interstellaire, grâce à la mesure de leur dispersion. La dispersion d'une onde est la propriété selon laquelle sa vitesse de propagation dépend de sa fréquence et des caractéristiques du milieu traversé ; elle est responsable de la dispersion des couleurs par les arcs en ciel, le prisme, etc. Dans le cas des ondes provenant de l'espace, les retards entraînés sont de l'ordre de quelques microsecondes à leur arrivée sur Terre pour les fréquences extrêmes, ce sont des durées parfaitement mesurables avec les moyens modernes, car les émissions sont brèves et bien délimitées. On peut en déduire par les lois classiques des ondes la densité moyenne en électrons dans l'espace parcouru si on connaît la distance (ou inversement la distance si on connaît la densité), ce qui n'avait jamais pu être fait directement. Deux principaux types d'émission sont connus, ceux qui proviennent des pulsars radio et les sursauts radio rapides (FRB fast radio bursts).

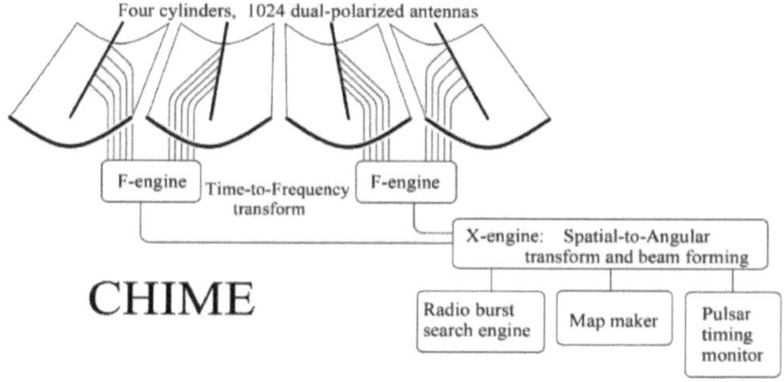

Figure 23 (et page précédente). Radiotélescope CHIME Canada. Les radiotélescopes utilisent des antennes de très grandes dimensions.

Pulsars

Les pulsars radio sont connus dans notre galaxie et son halo depuis 1967, ils émettent périodiquement des jets d'ondes qui permettent de mesurer la densité d'électrons, car on connaît en général la distance à la source. Brynjolfsson écrivait en 2005 que d'après l'application qu'il faisait des lois, à l'intérieur des couronnes de galaxies la densité d'électrons est de « $N_{emoy} = 0,01$ cm^{-3}, sur une distance de 48 parsecs dans la couronne »[47]. Il notait qu'à son époque la valeur généralement acceptée était 20 fois plus faible. Douze ans plus tard, après sa mort, les mesures de dispersions lui donnent raison, « basées sur 189 pulsars avec des distances mesurées indépendamment, la densité d'électrons libres dans le plan médian de la couronne $N_0 = 0,01132 \pm 0.00043$ cm^{-3} » (Yao et al. 2017, Shull et Danforth 2017). C'est encore une vérification concrète de l'interprétation du *redshift* par Brynjolfsson.

Sursauts Radio Rapides FRB

Avec les pulsars proches qui émettent périodiquement des jets d'ondes, les astrophysiciens purent mesurer la densité d'électrons dans

---

47. Brynjolfsson plasma redshift 2005 page 38.

notre galaxie et son halo. Les Sursaut Radio Rapides (FRB)[48], connus depuis 2007, sont différents des émissions par les pulsars, ils ne sont pas périodiques et leur origine est encore inconnue[49]. Ils apportent cependant de nouvelles informations, car leurs dispersions indiqueraient une distance supérieure qui pourrait situer leurs sources au delà du halo galactique c'est-à-dire dans l'espace intergalactique, au moins pour certains.

La distance depuis la source est très mal connue, à cause des difficultés à la localiser. Elle peut être déduite de la mesure de la dispersion si on connaît la densité d'électrons. La relation entre la dispersion mesurée DM^{50} la densité d'électrons N_{emoy} et le chemin parcouru R est une proportionnalité[51] : $DM = N_{emoy}.R$

En utilisant la valeur moyenne N_{emoy} obtenue par le calcul de Brynjolfsson pour l'espace intergalactique, on peut en déduire les distances R pour les sources les plus éloignées. On constate alors que les valeurs obtenues les placent dans l'Amas galactique local ou le Superamas local.

Mais les astronomes de la Cosmologie Standard utilisent la valeur de la densité en électrons intergalactiques déduite des hypothèses de la théorie du Big Bang. Ils obtiennent des distances beaucoup plus grandes, allant jusqu'à des milliards d'années-lumière, ce qui leur pose un gros problème. En effet, pour que l'on puisse recevoir des ondes de ces distances, il faudrait que les sources émettent des puissances énormes (jamais connues), cela mettrait en jeu des phénomènes très puissants qui ne pourraient se limiter aux micro-ondes, de telles sources ne pourraient passer inaperçue. Les astronomes ont donc recherché sur le trajet des FRB les sources possibles à ces grandes distances, dans les catalogues de

---

48. Fast Radio Burst.

49. Des observations récentes suggèrent qu'ils pourraient être produits par des magnétars ou leur environnement.

50. Qui se calcule simplement avec le retard mesuré.

51. $DM= \displaystyle\int_{0}^{R} Nedx \ =N_{emoy}.R$

galaxies ou par des observations de télescopes optiques. Pour la centaine de FRB observés, ils n'ont trouvé que 4 ou 5 galaxies sur le trajet de leurs ondes. Force est de constater que la majorité des FRB ne peuvent provenir de galaxies aux distances données par les hypothèses de la cosmologie standard du Big Bang. Pour les cas très minoritaires où il y a une galaxie sur le trajet à ces distances, c'est souvent une galaxie naine et on n'a jamais trouvé un indice physique pouvant la relier aux ondes. Force est de constater que la majorité des FRB ne peuvent provenir d'une galaxie aux distances prévues par les hypothèses du Big Bang.

Les FRB sont encore un exemple où les observations contredisent la cosmologie standard sur le milieu intergalactique, mais justifient les calculs de Brynjolfsson.

En avril 2020, un FRB a été découvert dans notre galaxie, sans aucun doute possible puisque l'on connaît les paramètres nécessaires pour localiser la source dans la direction du magnétar SGR 1935+2154. Dans cette direction, le maximum de DM de la Voie lactée est connu de l'ordre de 540 pc/cm^3; le DM mesuré du FRB est de 332,7 pc/cm^3. Les observatoires recevaient des rayons X du magnétar en même temps que les ondes radio. La distance de la source du FRB obtenue par la DM est compatible avec la distance estimée du magnétar, environ 30 000 années-lumière. L'association est quasi certaine.

Chapitre 12

2010. Découverte surprise au cœur de la Voie Lactée

Bulles de Fermi

Le satellite Fermi (figure 25) a été lancé en 2007 dans le but de découvrir la matière noire, en scannant les ondes de rayons X et gamma dans tout l'espace. Ce qu'il trouva au centre de la galaxie fut totalement inattendu.

Figure 24. Le centre de la galaxie, vu depuis l'hémisphère austral, observatoire du Cerro Paranal. Le rayon laser est dirigé vers une étoile guide pour le télescope. (cliché 21 Juillet 2007, par ESO Yuri Beletsky, temps d'exposition 5 min)

Figure 25. Le télescope Fermi détecte les photons de 8 keV (rayons X) à 300 GeV (rayons gamma) (image NASA)

Le télescope orbital Fermi fit une découverte imprévue et bien embarrassante au centre de notre galaxie. Le satellite, qui est en orbite depuis 2008 à 540 km au dessus de la Terre, est équipé d'un télescope à large champ (Gamma-ray Large Area Space Telescope)[52] qui lui permet de scanner le ciel en rayons gamma dans toutes les directions toutes les trois heures. Il a détecté en 2010 deux bulles géantes de gaz émettant des rayons gamma (figure 26), elles s'étendent sur une longueur de près de 50 000 années-lumière de part et d'autre du centre de la galaxie, on les nomme bulles de Fermi. Du silicium, carbone et aluminium, à une température de 10 000 degrés, ont été décelés.

---

52. Appartenant à une co-entreprise de United States Department of Energy et des agences gouvernementales des États-Unis, France, Allemagne, Italie, Japon et Suède.

Les bulles de Fermi émettent également des rayons X. Si on pouvait voir à l'œil nu les radiations X et gamma, on constaterait que les bulles occupent à peu près la moitié du ciel visible (figure 27).

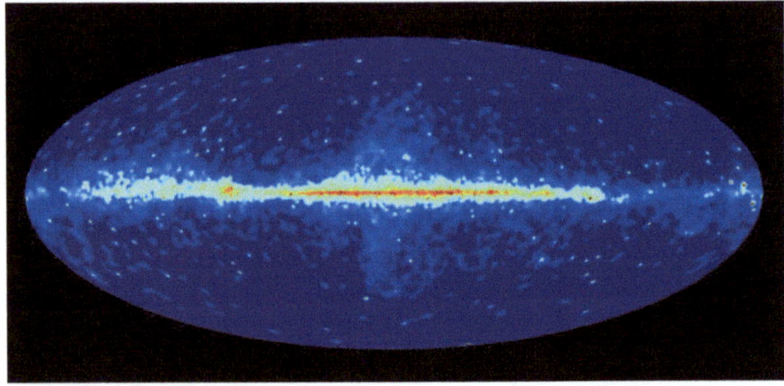

Figure 26. Bulles de Fermi de part et d'autre du plan de la galaxie, d'après les rayonnements gamma.

Figure 27. Dessin montage par Nasa Goddard Space Flight Center (2010) montrant les deux bulles de Fermi. Horizontalement : plan de la galaxie, en bleu les sources de rayons X (par le satellite Rosat), en magenta sources rayons gamma (satellite Fermi).

Les bulles de Fermi grandissent à une vitesse de 1000 km/s mesurée sur ses bords d'après l'effet Doppler, par le satellite Hubble (figure 28). Cela pourrait correspondre à une croissance depuis plusieurs millions d'années, ce qui est jeune à l'échelle de l'astronomie.

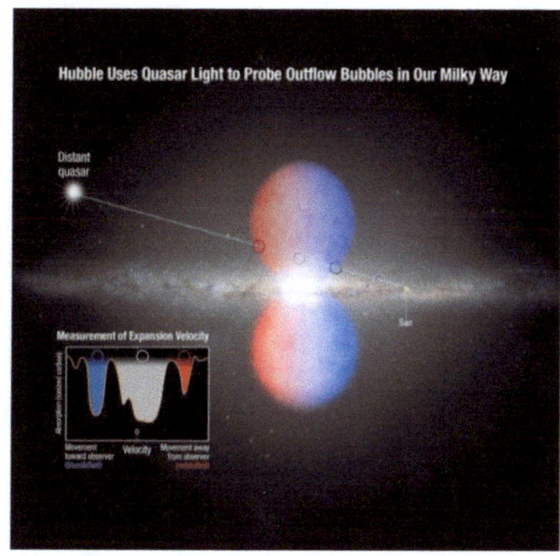

Figure 28. Les spectres de lumière provenant de 20 quasars après avoir traversé les bulles de Fermi sont décalés vers le bleu (rapprochement de nous) pour le bord proche et vers le rouge (éloignement) pour l'autre bord. Leurs valeurs permettent de calculer les vitesses selon l'effet Doppler. Dessin pour un quasar à gauche, Terre à droite. (NASA-Space Telescope Science Institute STScI).

Puis, le satellite XMM-Newton de l'ESA[53] a découvert deux canaux ou cheminées de matériaux chauds émettant des rayons X s'étendant de très près du centre de la galaxie jusqu'aux bulles gamma (figure 29). « Les données recueillies par XMM-Newton entre 2016 et 2018 ont permis de former la carte radiographique la plus complète jamais réalisée du cœur de la Voie lactée. Cette carte a révélé de longs canaux de gaz surchauffés, chacun s'étendant sur des centaines d'années-lumière, coulant au-dessus et en dessous du plan de la Voie lactée » (ESA).

---

53. Agence spatiale européenne.

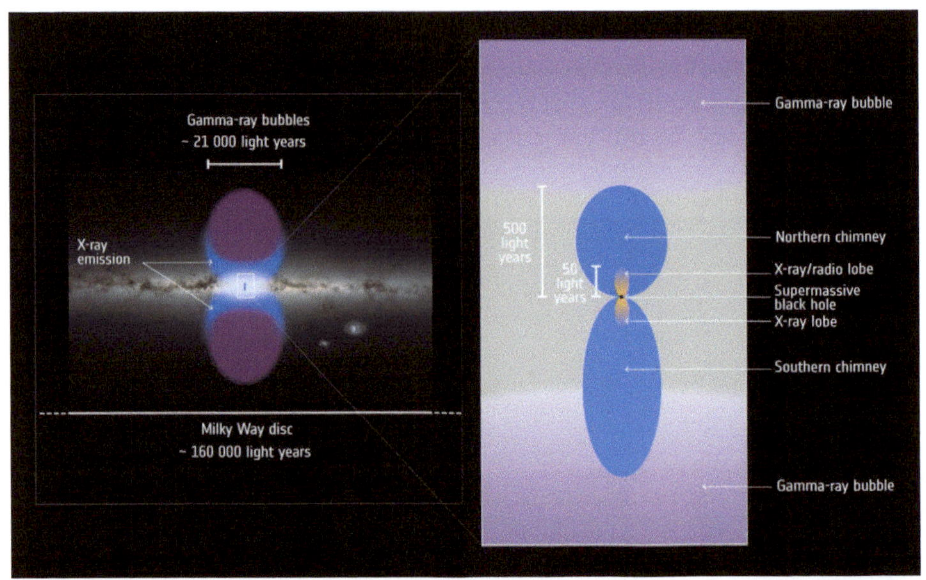

Figure 29. Les bulles de Fermi et les cheminées de remplissage (Schéma ESA).

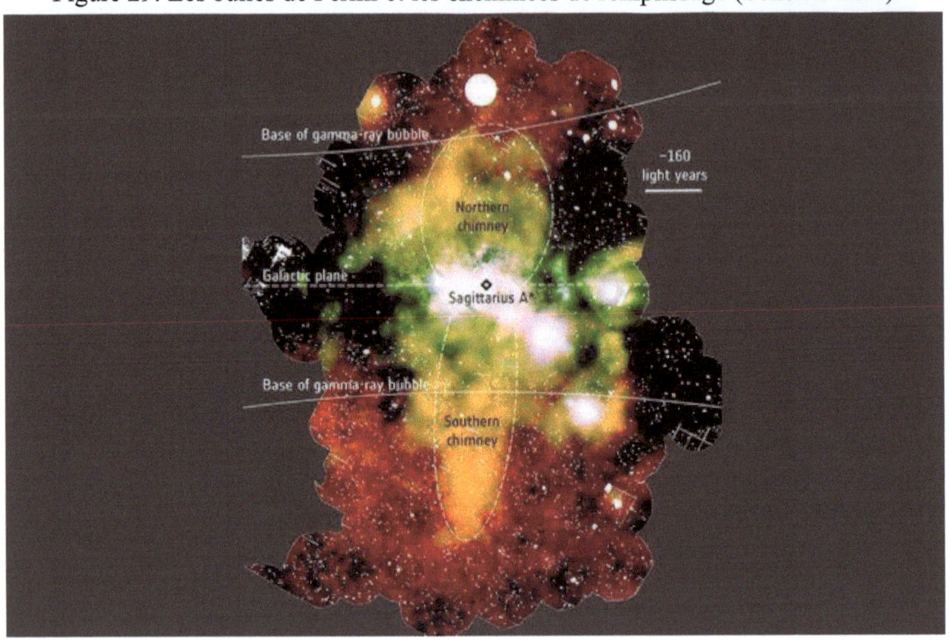

Figure 30 page précédente. Image obtenue d'après les mesures de l'observatoire spatial XMM-Newton de l'ESA.

Cette image combine les données collectées dans les bandes d'énergie suivantes : 1.5–2.6 keV (montré en rouge); 2.35– 2.56 keV (en vert); 2.7–2.97 keV (en bleu). Les nombreuses taches blanches, petites ou grandes, sont des parties où des sources brillantes sans relation ont dû être enlevées de l'image.

Les teintes montrent aussi la température du gaz émettant les rayons X dans cette région turbulente, avec des régions plus froides affichées en rouge et des régions plus chaudes en vert et bleu. La zone claire au milieu de l'image identifie le voisinage du Sagittaire A *. Les éléments jaune-orange qui s'élancent au-dessus et au-dessous du centre sont deux « cheminées » colossales, s'étendant chacune sur des centaines d'années-lumière, qui alimentent en matériau du centre galactique les deux énormes bulles cosmiques (ESA).

Cette carte a révélé de longs canaux de gaz surchauffés, chacun s'étendant sur des centaines d'années-lumière, coulant au-dessus et en dessous du plan de la Voie lactée. Les scientifiques pensent que ceux-ci agissent comme un ensemble de cheminées à travers lesquels l'énergie et la masse sont transportées du cœur de notre galaxie jusqu'à la base des bulles, les renforçant avec de nouveaux matériaux. Cette découverte clarifie comment l'activité se produisant au cœur de notre galaxie d'origine, présente et passée, est liée à l'existence de structures plus grandes autour d'elle.

Le flux de sortie pourrait être un vestige du passé de notre galaxie, d'une période où l'activité était beaucoup plus répandue et puissante, ou cela pourrait prouver que même les galaxies "au repos" – celles qui hébergent un trou noir supermassif relativement calme et des niveaux modérés de formation d'étoiles comme la Voie lactée – peuvent se vanter d'énormes sorties énergétiques de matières.

Malgré son classement comme étant au repos à l'échelle cosmique de l'activité galactique, les données précédentes de XMM-Newton ont révélé que le noyau de notre galaxie est encore assez tumultueux et chaotique (ESA 2020).

Interprétations

La théorie du Big Bang ne permet pas d'expliquer la formation des bulles par le supposé trou noir supermassif au centre de la galaxie

(Sagittarius A*). Voici à ce sujet un extrait de discussion entre trois découvreurs des bulles de Fermi[54] (2014) :

La Fondation Kavli : Lorsque vous avez découvert les bulles de Fermi en 2010, vous étiez complètement surpris. Personne n'avait anticipé l'existence de telles structures. Quelles ont été vos premières pensées lorsque vous avez vu ces énormes bulles – qui couvrent plus de la moitié du ciel visible – émerger des données ?

Douglas Finkbeiner : *Il semble exister une fausse idée répandue selon laquelle les scientifiques savent ce qu'ils recherchent et quand ils le trouvent, ils le savaient. En réalité, ce n'est souvent pas ainsi que cela fonctionne. Dans ce cas, nous étions en quête de trouver de la matière noire et nous avons trouvé quelque chose de complètement différent. Donc, au début, j'étais perplexe, déconcerté, déçu et confus.*

Nous cherchions des preuves de la présence de matière noire dans l'intérieur de la galaxie, qui se serait présenté sous forme de rayons gamma. Et nous avons trouvé un excès de rayons gamma, donc pendant un petit moment, nous avons pensé que cela pourrait être un signal de matière noire. Mais comme nous avons fait une meilleure analyse et ajouté davantage de données, nous avons commencé à voir les bords de cette structure. Elle ressemblait à une grosse figure 8 avec un ballon au-dessus et un en dessous du plan de la galaxie. La matière noire ne ferait probablement pas cela. À l'époque, j'ai fait le commentaire ironique que nous avions des problèmes de double bulle. Au lieu d'un joli halo sphérique comme nous le verrions avec de la matière noire, nous trouvions ces deux bulles

Meng Su : *Nous connaissions déjà d'autres structures semblables à des bulles dans l'univers, mais ce fut encore un choc assez important. Trouver ces bulles dans la Voie lactée n'était prévu par aucune théorie. Lorsque Doug nous a montré pour la première fois l'image où vous*

---

54. *Conférence du Prix Rossi lors de la réunion d'hiver de l'American Astronomical Society. Fondation Kavli, Sky & Telescope 2014.*

pourriez commencer à voir les bulles, je me suis immédiatement mis à réfléchir à ce qui pourrait éventuellement produire ce type de structure en plus de la matière noire. Personnellement, j'étais moins perplexe par la structure elle-même et plus perplexe par la façon dont la Voie lactée aurait pu la produire.

Tracy Slatyer : *Mais bien sûr, il est également vrai que les structures que nous voyons dans d'autres galaxies n'ont jamais été vues dans les rayons gamma. Pour autant que je sache, au-delà de la question de savoir si la Voie lactée pouvait créer une structure comme celle-ci, on ne s'était jamais attendu à voir un signal brillant dans les rayons gamma.*

Douglas Finkbeiner : *C'est une bonne question. D'une part, nous disons que celles-ci ne sont pas rares dans d'autres galaxies, tandis que d'autre part, nous disons qu'elles étaient totalement inattendues dans la Voie lactée. L'une des raisons pour lesquelles elles étaient inattendues est que, bien que chaque galaxie ait un trou noir supermassif au centre, dans la Voie lactée, ce trou noir représente environ 4 millions de fois la masse du Soleil, dans les galaxies où nous avions précédemment observé des bulles, les trous noirs ont tendance à être 100 ou 1 000 fois plus massifs que notre trou noir. Et parce que nous pensons que c'est le trou noir aspirant la matière voisine qui fait la plupart de ces bulles, vous ne vous attendiez pas à ce qu'un petit trou noir comme celui que nous avons dans la Voie lactée soit capable de cela.*

Tracy Slatier : *Exactement. D'autres galaxies qui ont des structures similaires sont en fait des environnements galactiques très différents. Il n'est pas clair que les bulles que nous voyons dans d'autres galaxies avec des formes assez similaires à celles que nous voyons dans la Voie lactée proviennent nécessairement des mêmes processus physiques.*

La fondation Kavli : Il semble qu'il y ait encore beaucoup d'observations à faire avant de comprendre pleinement les bulles de Fermi. Mais d'après ce que nous savons déjà, y a-t-il quelque chose qui pourrait réactiver le noyau galactique, le faisant plus créer de telles bulles ?

Douglas Finkbeiner : *Eh bien, si nous avons raison que les bulles viennent du trou noir en aspirant beaucoup de matière, il suffit de déposer un tas de gaz sur le trou noir et vous verrez des feux d'artifice.*

La Fondation Kalvi : Y a-t-il de la matière près de notre trou noir qui pourrait naturellement déclencher ces feux d'artifice ?

Douglas Finkbeiner : *Oh bien sûr ! Je ne pense pas que cela se produira de notre vivant, mais si vous attendez peut-être 10 millions d'années, je ne serais pas du tout surpris.*

Meng Su : *Il y a de plus petits morceaux de matière, comme un nuage de gaz appelé G2 qui, selon les estimations, a autant de masse que peut-être trois Terres, qui seront probablement entraînés dans le trou noir dans quelques années. Cela ne produira probablement pas quelque chose comme les bulles de Fermi, mais cela nous dira quelque chose sur l'environnement autour du trou noir et la physique de ce processus. Ces observations pourraient nous aider à savoir combien de masse il aurait fallu pour créer les bulles de Fermi et quels types de physique ont joué dans ce processus.*

Douglas Finkbeiner : *C'est vrai, nous pourrions apprendre quelque chose d'intéressant de ce nuage G2. Mais cela pourrait être un peu un faux problème, car aucun modèle raisonnable n'indique qu'il produira des rayons gamma. Il faudrait un nuage de gaz quelque chose comme 100 000 000 fois plus grand pour produire une bulle de Fermi.*

La fondation Kavli : Quels sont les autres mystères qui subsistent au sujet de ces bulles ?

Meng SU : ... *Nous allons lancer des satellites supplémentaires dans les années à venir qui offriront de meilleures mesures des bulles. Une chose surprenante que nous avons trouvée est que les bulles ont une coupure (cut-off) de haute énergie. Fondamentalement, les bulles cessent de briller dans les rayons gamma de haute énergie à une certaine énergie. Au-dessus de cela, nous ne voyons aucun rayon gamma et nous ne savons pas pourquoi. Nous espérons donc prendre de meilleures mesures qui pourront nous expliquer pourquoi cette coupure se produit.*

Meng Su indiquait aussi que pour que le trou noir du centre de notre galaxie puisse être responsable de la formation de ces bulles, il devrait être *des dizaines de millions de fois plus actif que ce que l'on observe actuellement.*

Des mécanismes d'interprétation sont bien proposés par les astronomes du Big Bang, mais ils se heurtent aux ordres de grandeur qui ne correspondent toujours pas à une origine provenant de l'environnement du calme trou noir. Dix ans après leur découverte, l'origine et la formation des bulles n'ont pas pu être reliées à un trou noir.

Il reste à tester le modèle de Brynjolfsson, pour lequel le centre de la galaxie ne serait pas un trou noir supermassif, mais un candidat trou noir autour duquel se situeraient des couronnes de plasma. « Le flux d'hydrogène très élevé qui s'éloigne du centre de notre Voie lactée est une indication forte d'une recréation d'hydrogène près du centre de la Voie lactée. Les centres supermassifs (SMBHC), lorsqu'ils sont perturbés par des secousses, peuvent entraîner dans d'énormes rafales de rayons gamma de photons libérés par la bulle de photons. Les secousses peuvent également libérer des plasmas chauds de quarks-gluons et d'électrons et des plasmas chauds de protons et électrons entourant la bulle. Cela conduit à son tour à une nucléosynthèse comme de type primitif et de régions de formation d'étoiles autour du SMBHC. » (Brynjolfsson 2006, voir documents page 21). Il est le seul à avoir prévu des émissions gamma.

Histoire de la Relativité,

restreinte

et

générale

Théories de la gravitation

Chapitre 13

De Galilée à Poincaré, le principe de la relativité

La mécanique classique

Le mouvement d'un corps tel qu'il est vu par un observateur dépend à la fois du mouvement de cet l'observateur et de celui de l'objet. Copernic avait noté : « En effet, tout mouvement local apparent provient soit du mouvement de la chose vue, soit de celui du spectateur, soit d'un mouvement, inégal bien entendu, des deux. Car lorsque les mobiles – je veux dire : le spectateur et l'objet vu – sont animés d'un mouvement égal, le mouvement n'est pas perçu. » *(De revolutionibus* Livre I. Ch 2). Une question s'est vite posée : existe-t-il un système fixe, autrement dit une référence absolue pour tous les mouvements ? Ptolémée opta pour la Terre fixe, Copernic pour le Soleil et les étoiles fixes.

Un peu plus tard, Galilée apporta une réflexion très importante sur le comportement mécanique des corps :

« Enfermez-vous avec un ami dans la cabine principale à l'intérieur d'un grand bateau et prenez avec vous des mouches, des papillons, et d'autres petits animaux volants. Prenez une grande cuve d'eau avec un poisson dedans, suspendez une bouteille qui se vide goutte à goutte dans un grand récipient en dessous d'elle. Avec le bateau à l'arrêt, observez soigneusement comment les petits animaux volent à des vitesses, égales vers tous les côtés de la cabine. Le poisson nage indifféremment dans toutes les directions, les gouttes tombent dans le récipient en dessous, et si vous lancez quelque chose à votre ami, vous n'avez pas besoin de le lancer plus fort dans une direction que dans une autre, les distances étant égales, et si vous sautez à pieds joints, vous franchissez des distances égales dans toutes les directions.

Lorsque vous aurez observé toutes ces choses soigneusement (bien qu'il n'y ait aucun doute que lorsque le bateau est à l'arrêt,

121

les choses doivent se passer ainsi), faites avancer le bateau à l'allure qui vous plaira, pour autant que la vitesse soit uniforme et ne fluctue pas de part et d'autre. Vous ne verrez pas le moindre changement dans aucun des effets mentionnés et même aucun d'eux ne vous permettra de dire si le bateau est en mouvement ou à l'arrêt … Vous ne discernerez aucun changement dans tous les effets précédents, et aucun d'eux ne vous renseignera si le navire est en marche ou s'il est arrêté : en sautant vous franchirez les mêmes distances... les sauts ne seront pas plus grands vers la poupe que vers la proue... Les gouttes d'eau tomberont comme précédemment dans le vase inférieur… Les poissons dans leur eau et sans plus de fatigue nageront d'un côté comme de l'autre... Enfin les papillons et les mouches continueront leur vol indifférent dans n'importe quel sens, sans être influencé par la marche et la direction du navire... La cause de la permanence de tous ces effets, c'est que le mouvement uniforme est commun au navire et à ce qu'il contient, y compris l'air... Le mouvement est mouvement et agit comme mouvement en tant et seulement qu'il est en rapport avec les choses qui en sont privées ; mais en ce qui concerne celles qui y participent toutes également, il est sans effet ; il est comme s'il n'était pas. Le mouvement est comme rien ! »

Cela fut confirmé par les formules de la dynamique de Newton, et beaucoup plus tard, ce sera nommé relativité galiléenne. Newton ajouta qu'il existe un *temps absolu* et que les mesures du temps que l'on fait ne sont qu'approximatives. Ses lois s'appliquent avec le temps absolu, elles montrent l'invariance dans un repère en translation uniforme par rapport au repère de Copernic (le repère terrestre peut être considéré comme copernicien pendant une durée courte). De nos jours, on appelle repère galiléen tout repère dans lequel les lois de Newton sont valables, cela revient à s'affranchir de l'hypothèse de fixité du repère de Copernic, depuis que l'on sait que les étoiles fixes ne sont pas vraiment fixes et qu'il existe d'autres galaxies. L'espace considéré comme absolu est traité par la géométrie d'Euclide.

Il existe une infinité de repères galiléens, ils sont tous sont en translation rectiligne et uniforme les uns par rapport aux autres. En 1850, l'expérience et les calculs montraient que toutes les lois de la mécanique étaient conservées lors des changements de référentiels galiléens :

Transformation de Galilée. L'expression classique du passage d'un repère à un autre, que l'on appelle transformation galiléenne est, en orientant l'axe x dans le sens du déplacement relatif des repères : $x_1 = x - V t$; x est la position d'un point mesuré dans un repère, x_1 dans un autre repère se déplaçant à la vitesse V (dans la direction des x). On peut en déduire qu'un objet se déplaçant à la vitesse v dans le premier repère (direction des x), se déplacera à une vitesse v-V dans l'autre (en valeur algébrique). Pour les autres coordonnées : $y_1 = y$; $z_1 = z$; $t_1 = t$: le temps absolu. C'est la mécanique classique.

Électromagnétisme et relativité

Puis un nouveau domaine de la physique fut découvert et formulé, l'électromagnétisme, synthétisé avec les équations de James C. Maxwell en 1865. Elles concernent des relations entre un champ électrique et un champ magnétique, les charges et courants électriques, le temps et l'espace. Il s'en déduit que la propagation des ondes électromagnétiques (ondes radio, lumière, etc.) doit se faire à vitesse constante, quand elle est mesurée depuis n'importe quel référentiel galiléen, mais cette constance ne respecte pas la transformation de Galilée selon laquelle la vitesse devrait différer dans chaque repère, comme indiqué ci-dessus. Le problème de l'existence d'un hypothétique milieu de propagation, qu'on appela l'éther, se posa.

Ensuite le physicien hollandais, Hendrik Lorentz, rechercha la formulation des forces électriques et magnétiques appliquées aux particules chargées électriquement. Selon que l'observateur soit fixe ou en mouvement par rapport aux charges, il constata l'existence dans un cas d'un champ électrique, dans l'autre d'un champ magnétique pour le même système. Des difficultés surgirent : les principes newtoniens de l'égalité de l'action et de la réaction ainsi que le principe de l'inertie ne paraissaient pas respectés. Il approfondit les problèmes de changements de repères, l'existence d'un temps local et d'un temps distant, ses travaux constituent le point de départ de la relativité appliquée à l'électrodynamique.

Le physicien et mathématicien Henri Poincaré avait coutume de proposer des solutions mathématiques aux problèmes posés par des physiciens. Il le fit pour les travaux de Lorentz. En 1900, dans un article présenté à l'occasion du jubilé de la thèse de Lorentz[55], il définit une quantité de mouvements pour l'onde électromagnétique qualifiée alors de fluide fictif, ce qui permet de respecter les principes newtoniens de la mécanique. Il dût abandonner le temps absolu et donna une expression du temps local : $t' = t - v_x/V^2$ (qui avait été suggérée par Lorentz), V étant la vitesse de la lumière. Ces éléments allaient servir de base pour traiter la relativité. Cet article important fut connu de tous les physiciens. Cité très tôt par Wien et Abraham, il se voit consacrer un long commentaire dans Gustav Mie, Beiblätter, 5 (1901). Lorentz en a tenu compte.

Poincaré en 1902, dans un livre intitulé la science et l'hypothèse, remit en cause les principes de base de la mécanique de Newton :

« 1) Il n'y a pas d'espace absolu, nous ne concevons que des mouvements relatifs.

2) Il n'y a pas de temps absolu ; dire que deux durées sont égales, c'est une assertion qui n'a, par elle-même, aucun sens et qui ne peut en acquérir un que par convention.

3) Non seulement nous n'avons pas d'intuition directe de l'égalité de deux durées, mais nous n'avons même pas celle de la simultanéité de deux événements qui se produisent sur des théâtres différents.

4) Enfin notre géométrie euclidienne n'est elle-même qu'une sorte de convention de langage ; nous pourrions énoncer les faits mécaniques en les rapportant à un espace non euclidien qui serait un repère moins commode mais tout aussi légitime que notre espace ordinaire ; l'énoncé deviendrait ainsi beaucoup plus compliqué mais il resterait possible. »

---

55. H. Poincaré. 1900. La Théorie de Lorentz et le principe de réaction.

Il ajoutait que l'éther, qui était proposé pour justifier la vitesse constante des ondes électromagnétiques dans l'espace vide, n'était pas un problème, qu'il existât ou non.

(Poincaré. *La science et l'hypothèse*, pages 113, 116, 137).

Poincaré avait ainsi complètement défini les bases de la relativité de 1900 à 1902, qui allaient ouvrir de nouvelles perspectives.

Lorentz en mai 1904 publia un article important dans lequel il établit une transformation mathématique des grandeurs physiques et électromagnétiques dans les référentiels galiléens, c'est-à-dire en mouvement rectiligne et uniforme, sur la base de plusieurs hypothèses, mais ce n'était pas la relativité précisera-t-il plus tard.

En septembre 1904 eut lieu à *Saint Louis* dans le Missouri, *le congrès universel des arts et des sciences*, qui réunissait des grands scientifiques, Poincaré, Bolzmann, Langevin pour la physique. Dans une communication intitulée *L'état actuel et l'avenir de la physique mathématique*, Poincaré énonça le ***principe de relativité***, termes qui furent utilisés pour la première fois au monde :

« Le *principe de la relativité*, d'après lequel les lois des phénomènes physiques [pas seulement de mécanique, mais aussi d'électromagnétisme] doivent être les mêmes, soit pour un observateur fixe, soit pour un observateur entraîné dans un mouvement de translation uniforme ; de sorte que nous n'avons et ne pouvons avoir aucun moyen de discerner si nous sommes, oui ou non, emportés dans un pareil mouvement. » (page 306)[56]

Il ajoutait ce principe aux principes déjà en vigueur en physique. Il l'avait déjà fait connaître : « Ainsi le principe de relativité a été dans ces derniers temps vaillamment défendu, mais l'énergie même de la défense prouve combien l'attaque était sérieuse... Peut-être devrons-nous construire toute une mécanique nouvelle que nous ne faisons qu'entrevoir, où l'inertie croissant

---

56. Bulletin des sciences mathématiques, 28, déc. 1904. L'état actuel et l'avenir de la physique mathématique. Conférence lue le 24 septembre au congrès d'art et de science de Saint-Louis.

avec la vitesse, la vitesse de la lumière deviendrait une limite infranchissable. » (*ibid.* page 324)

Le 5 juin1905, dans les Comptes Rendus de l'Académie des Sciences, il publia un article[57] qui formulait les relations de changement de repère. C'était une amélioration des transformations que Lorentz avait publiées[58], pour leur donner une plus grande généralité, sans avoir recours à toutes ses hypothèses[59] et sans avoir besoin de l'éther. C'était une conséquence de son principe de relativité, mais il leur donna le nom de *transformations de Lorentz* :

Le point essentiel, établi par Lorentz, c'est que les équations du champ électromagnétique ne sont pas altérées par une certaine transformation (que j'appellerai du nom de *Lorentz*) et qui est de la forme suivante

$$x' = kl(x + \varepsilon t), \qquad y' = ly, \qquad z' = lz, \qquad t' = kl(t + \varepsilon x),$$

$$k = \frac{1}{\sqrt{1 - \varepsilon^2}} \quad \text{avec} \ \ \varepsilon = v^2/c^2 \quad \text{et} \ \ l=1$$

Plus tard, en 1914, Lorentz corrigera lui-même cette attribution[60] : « Je n'ai pas indiqué la transformation qui convient le mieux. Cela a été fait par Poincaré et ensuite par M. Einstein et Minkowski... J'ai pu voir plus tard dans le mémoire de Poincaré que j'aurais pu obtenir une plus grande simplification encore. Ne l'ayant pas remarqué, je n'ai pas établi le Principe de Relativité comme rigoureusement et universellement vrai. Poincaré au contraire a obtenu une invariance parfaite... et a formulé le Postulat de Relativité, terme qu'il a été le premier à employer. » Poincaré voulait marquer que ses travaux sur la relativité avaient pris pour base

---

57. Poincaré, Sur la dynamique de l'électron. C.R.ac. Sc. Paris. T.140 (1905) 1504-1508.
58. 1904 Lorentz H. A. Electromagnetic phenomena in a System moving with any velocity less than that of light. Proc. Royal Acad. Amsterdam, 6, page 809, 1904).
59. Sans par exemple la contraction physique des corps en mouvement.
60. En 1914, puis publié dans *Acta Mathematica*, t. 38, p. 252, 1921.

ceux de Lorentz qu'il considérait comme très importants. Poincaré et Lorentz étaient devenus amis et correspondaient fréquemment. Comme on le constate, ils avaient une déontologie exemplaire. Il faut aussi noter que Poincaré signala dans cet article la propagation de la gravitation à la vitesse de la lumière, que l'on nomme actuellement ondes gravitationnelles (onde gravifique pour Poincaré, cette onde étant supposée se propager avec la vitesse de la lumière) dont il fut le premier à parler. La note à l'Académie des sciences de Paris, a été reçue le 5 juin et publiée le 9 juin 1905 dans les Comptes Rendus de l'Académie des sciences.

Toute les formulations de base de la relativité étaient ainsi posées par Poincaré en 1905, y compris la notion de groupe[61] mathématique pour la transformation dite de Lorentz dans l'espace à 4 dimensions, ce qui était une nouveauté et sera repris par Minkovski. L'électromagnétisme était alors totalement intégré au principe de relativité. Il restait cependant un écueil, l'interaction de gravitation ne respectait pas totalement cette relativité. La relativité était donc encore en chantier, on la qualifiera de retreinte, c'est pour cela qu'elle n'eut pas de retentissement immédiat auprès des physiciens, elle restait du domaine de la recherche pour les théoriciens.

L'exposé à l'Académie des sciences était relativement sommaire à cause des contraintes de sa revue. Il rédigea un autre article présentant tous les détails à la revue italienne de mathématiques *Circola mathematico di Palerma* fondée par le mathématicien Guccia, choix fait par amitié avec son créateur, sous le titre « Sur la dynamique de l'électron ». S'il avait voulu que cet article restât confidentiel, il n'aurait pas pu faire de meilleur choix.

Poincaré avait bien d'autres tâches à conduire. D'abord son métier d'enseignant auquel il attachait beaucoup d'importance : malgré ses hautes fonctions et sa célébrité, il faisait passer les examens, même le baccalauréat. Membre de nombreuses académies, conférencier dans plusieurs pays, il effectuait des travaux de recherche dans plusieurs

______

61. Dans l'article du 23 juillet 1905.

domaines de la physique et des mathématiques. Sa mort survenue à la suite d'une opération en 1912 ne lui permit pas de traiter le problème de la gravitation, d'autres s'en chargeront de 1911 à 1915.

La relation entre Énergie électromagnétique et masse inertielle $E = mc^2$

Masse et énergie d'une onde électromagnétique

Poincaré a montré en 1900 dans un article sur le principe de réaction que l'onde électromagnétique possède des caractéristiques dynamiques. Il arriva à la relation suivante (transcrite ici avec les notations actuelles) : quantité de mouvement du flux d'onde = flux d'énergie/c^2. Et dans un petit volume, en divisant par la vitesse c de la lumière, cela s'écrit $dm = dE/c^2$, c'est la relation $E = mc^2$, en forme élémentaire pour une onde électromagnétique. « L'énergie électromagnétique se comportant donc au point de vue qui nous occupe comme un fluide doué d'inertie, on doit conclure que si un appareil quelconque après avoir produit de l'énergie électromagnétique, l'envoie par rayonnement dans une certaine direction, cet appareil devra reculer comme recule un canon qui a lancé un projectile. [...] Si l'appareil a une masse de 1 kg et s'il a envoyé dans une direction unique avec la vitesse de la lumière 3 millions de Joules, la vitesse due au recul est de 1 cm/s. »

Henri Poincaré, humaniste

Poincaré est considéré comme l'un des plus grands mathématiciens de son temps. On sait moins qu'il a commencé sa carrière professionnelle comme ingénieur des mines, fonction qu'il a pratiquée pendant plusieurs années avant de présenter sa thèse de mathématiques, puis d'enseigner les mathématiques, l'astronomie et la physique. Il s'intéressait aussi à la présentation des sciences aux publics de non-spécialistes, et à la philosophie. Il fut membre de l'Académie française. C'était un humaniste, modeste et ne cherchant jamais à faire de l'ombre à ses collègues chercheurs. Il écrivit deux rapports scientifiques pour la justice, contribuant à innocenter le capitaine Dreyfus.

Pourquoi a-t-on longtemps ignoré que Poincaré a été le créateur de la relativité, et son importance en physique ? L'une des raisons est sa grande modestie, son altruisme, il attribuait volontiers la paternité de ses travaux à ceux qui les avaient commencés même s'il n'avaient pas réussi à aboutir. Il classait ses travaux sur la relativité dans la *théorie de Lorentz* et non la relativité, dans la liste de ses contributions, il cite : « Théorie de Lorentz (9°) - J'ai eu à examiner diverses conséquences de la théorie de Lorentz. J'ai montré qu'elle était incompatible avec le principe de l'égalité de l'action et de la réaction et comment il conviendrait de modifier ce principe pour le mettre d'accord avec cette théorie. Ce résultat a servi de point de départ à Abraham pour ce calcul par lequel il a démontré que la masse des électrons est d'origine purement électrodynamique et que leur masse transversale diffère de leur masse longitudinale[62]. [Einstein a inclus ces masses dans son article de 1905, il n'avait donc pas l'antériorité]. J'ai publié dans les *Rendiconti* un article où j'expose la théorie de Lorentz sur la Dynamique de l'Électron, et où je crois avoir réussi à écarter les dernières difficultés et à lui donner une parfaite cohérence. » (1908, lettre à Gaston Darboux, académie des sciences).[63]
Une autre raison est sa mort précoce en 1912 avant que la relativité n'intéresse l'ensemble des savants et le public, car il n'existait pas encore d'applications expérimentales, comme la fission nucléaire et les accélérateurs relativistes de particules qui pouvaient en montrer tout l'intérêt...

---

62. M. Abraham (1902) Dynamik des Electrons. Nachrichten von der Königlichen Gesellschaft der Wissenschaften zu Göttingen, mathematisch-physikalische Klasse, pp. 20–41.
63. Lettre à Gaston Darboux, Académie des sciences, 1908.

Poincaré et l'astronomie

Henri Poincaré avait acquis en astronomie une situation exceptionnelle, qui lui avait valu la médaille d'or de la Société Royale Astronomique de Londres, le 9 février 1900. Il a été professeur d'astronomie générale à l'École polytechnique de 1904 à 1908, et occupa la présidence du Conseil des Observatoires français.

Ses contributions se répartissent en trois domaines :

- Par les figures d'équilibre d'un liquide en rotation, il peut expliquer l'évolution des systèmes planétaires qui a une époque furent liquides.
- Dans sa théorie de l'équilibre des marées, il tient compte, non seulement de l'influence des continents qui font obstacle au mouvement de l'eau, mais aussi de celle de l'attraction de la mer sur elle-même.
- Un ouvrage *Les Méthodes nouvelles de la mécanique céleste* concerne les trajectoires des planètes et leurs influences relatives.

Henri Poincaré

Albert Einstein jeune

Chapitre 14

A. Einstein de 1905

L'article sur l'électrodynamique et la relativité

La revue germanique *Annalen der Physik* publia le 26 septembre 1905[64] sous le titre *Zur Elektrodynamik bewegter Körper* (De l'électrodynamique des corps en mouvement) un article que la rédaction avait reçu le 30 juin, écrit par le physicien Albert Einstein âgé alors de 26 ans.

L'argumentation s'appuyait « sur le principe de relativité et sur le principe de la constance de la vitesse de la lumière, les deux que nous définissons comme suit. Principe de la relativité[65] : Les lois selon lesquelles l'état des systèmes physiques se transforme sont indépendantes de la façon dont ces changements sont rapportés dans deux systèmes de coordonnées (systèmes qui sont en mouvement rectiligne uniforme l'un par rapport à l'autre) [...] ; et la constance de la vitesse de la lumière ». Il arrivait aux mêmes résultats que Poincaré-Lorentz, sans en faire aucune référence, ce qui est contraire à l'usage et la déontologie dans une publication scientifique. Son ami très proche le physicien Max Born[66] écrira en termes policés mais nets, juste après son décès : « Un autre élément curieux du fameux papier d'Einstein en 1905

---

64. Manuscrit reçu fin juin 1905.

65. Il utilise les termes *Prinzip der Relativität* qui sont la traduction mot à mot de la formulation *Principe de relativité* de Poincaré en français, alors qu'il serait plus naturel en allemand d'écrire das Relativitäsprinzip, terme qu'il utilisera après Minkowski en 1907 (J.P. Auffray).

66. Nécrologie d'Einstein : « Avec lui, nous perdons, mon épouse et moi, l'ami le plus cher. » Max Born.

est l'absence de toute référence à Poincaré ou à aucun autre »... « Cela vous donne l'impression d'une toute nouvelle aventure, mais, comme j'ai essayé de le montrer, ce n'est évidemment pas vrai »[67]. On le vérifie aisément en comparant des extraits.

Extrait d'Einstein :

$$\tau \;=\; \beta\!\left(t - \tfrac{v}{V^2}x\right)$$

$$\xi \;=\; \beta(x - vt)$$

$$\beta = \frac{1}{\sqrt{1 - \left(\frac{v}{V}\right)^2}}$$

Extrait de Poincaré : voir page 126.

Einstein ne pouvait ignorer l'article de Poincaré paru dans les C.R. de l'Académie des sciences de 1905. Einstein a dû refaire lui-même les démonstrations à sa manière avec son ami Besso. C'est là que deux différences apparaissent : la première est relative au temps. Einstein utilise comme artifice de raisonnement *une baguette rigide* pour avoir le même temps aux deux extrémités, ce qui en relativité ne peut exister, car cela indiquerait une vitesse de propagation de l'information infinie, il le reconnut en 1911. L'autre correspond à l'expression de la masse transversale de l'électron (Auffray[68] 1999, pages 133-142). Einstein a défini comme un principe la constance de la vitesse de la lumière, Poincaré n'a pas eu besoin de le faire, la constance de la vitesse de la lumière est une conséquence de sa théorie.

La note de Poincaré à l'Académie des sciences avait été publiée le 5 juin 1905. L'antériorité de Poincaré ne fait donc aucun doute, cette évidence est reconnue par tous les scientifiques depuis longtemps, c'est

---

67. Born, M. (1956), *Physics in My Generation*, Pergamon Press, London, p. 193.
68. Auffray J.P. Einstein et Poincaré, sur les traces de la relativité. 1999.

pour cette raison qu'Einstein n'a jamais reçu le prix Nobel pour la relativité. Mais « on doit reconnaître à Einstein le mérite d'avoir exposé en Allemagne les idées de Poincaré dans un article clair et de haute tenue »[69]. Le traitement de la relativité par Poincaré est totalement rigoureux mathématiquement et n'admet pas de restriction (c'était un mathématicien), à la différence de celui d'Einstein[70].

Chronologie des travaux d'Einstein sur la relativité

Le jeune Einstein n'a rien publié avant 1905 qui puisse montrer l'évolution des travaux qui l'ont conduit à son article sur la relativité, ce qui a permis à certains de romancer sa création comme une révélation au réveil un matin écrite d'un seul jet, tel que seul un génie pourrait le faire[71]. Sa correspondance montre que cela s'est passé autrement. Dans ses entretiens avec Max Wertheimer en 1916, il date ses premières idées sur le « mouvement relatif de l'éther et de la matière » à sept années avant son article de 1905, soit en 1898, il avait 19 ans. Quelques années plus tard, il écrivit à sa compagne Mileva Marić le 17 mars 1901 : « Je travaille d'arrache-pied à une électrodynamique des corps en mouvement qui promet de devenir un article capital. Je t'ai écrit que je doutais des idées sur le mouvement relatif. Mais mes doutes étaient fondés simplement sur une erreur mathématique. J'y crois maintenant plus que jamais. » Le 4 avril 1901 : « Hier soir, pendant quatre heures, j'ai pris grand intérêt à parler boutique avec lui [Michele Besso]. Nous avons discuté de la séparation essentielle de l'éther lumineux et de la matière, de la définition du repos absolu... ». Il ajoutera, toujours à Mileva : « Comme je serai heureux et fier lorsque tous les deux ensemble nous aurons mené à bien notre travail sur le mouvement relatif. » Quand en 1902 paru le livre de Poincaré abordant pour la première fois la relativité, *la Science et l'Hypothèse* (« énoncé du

---

69. Théorie de la relativité ; J. Leveugle 2004.
70. Einstein sera obligé d'abandonner le principe de la constance de la vitesse de la lumière dans sa théorie de la gravitation et de requalifier son principe de relativité de « Spezielle Relativität » traduit en français par « relativité restreinte ».
71. D. Briand, Einstein, a life.

Principe du mouvement relatif, pas de temps absolu, pas d'espace absolu, nous n'avons pas d'intuition directe de la simultanéité, peu importe que l'éther existe ou non… »), selon Maurice Solovine et Carl Seelig amis d'Einstein, ce livre fut discuté à leur cercle de lecture, *Academia Olympia* dont Einstein était le membre majeur, durant plusieurs semaines[72] . Einstein parlera de ce cercle, mais en s'abstenant toujours de citer les œuvres de Poincaré[73]. Il est donc certain qu'il connaissait les travaux de Poincaré de 1902 sur son sujet de prédilection[74]. Poincaré était un physicien renommé dans tous les domaines de la physique, Einstein, documentaliste pour la revue *Annalen des Physik*, ne pouvait ignorer ses publications : il rédigeait des rapports de lecture dans le supplément *Beiblätter* de cette revue, y compris d'articles parus dans les Comptes Rendus de l'Académie des sciences de Paris.

Il refusera toujours de citer la référence à Poincaré, malgré l'insistance en 1923 de son ami de longue date Besso : « Je n'ai pas pu retrouver la collection complète de tes travaux antérieurs à 1919 […]. Elle me tenait particulièrement à cœur, car, pour moi, elle redonnait vie à tant de nos discussions. Mais pourquoi cette collection rare ne serait-elle pas mise à la portée de tous, en y ajoutant l'essentiel d'un aperçu historique, de la genèse des problèmes, de ce que tu reprendrais pour des raisons de forme ou de fond, et peut-être même de ce que tu voudrais exprimer autrement ? […] Je pense que tu devrais indiquer dans l'introduction ce qui, au début de tes recherches, était déjà connu *des travaux d'autrui* […]. Quant aux travaux dépassés, tu dirais comment, par qui et pourquoi ils l'ont été, et ce qu'ils contiennent d'encore actuel et d'inexploité ».

Le 18 (ou 25) Mai 1905, Einstein écrivit une lettre à son ami Habicht « [je t'enverrai quatre articles, trois articles en tirés à part], le

---

72. C. Marchal. 2002. Henri Poincaré : une contribution décisive à la Relativité. réf. 8, pages 129 et 139; réf. 9, page VIII et réf. 17, page 30.
73. Lettre d'Albert Einstein à Carl Seelig du 25 février 1952 sur sa période suisse : « À Berne, j'avais régulièrement des soirées de lecture philosophique et de discussion avec C. Habicht et Solovine ».
74. « Cette lecture [de Hume] a eu une certaine influence sur mon développement à côté de Poincaré et de Mach » 1952, lettre d'Einstein à Seeling.

quatrième article est disponible sous forme de brouillon pour l'instant, qui emploie la modification de la théorie de l'espace et du temps pour expliquer le mouvement électrodynamique des objets. La partie purement cinétique de cet article t'intéressera certainement. Ma femme et mon fils maintenant âgé de un an, te saluent ».

L'article de Poincaré du 5 juin dans les C.R. de l'Académie traitant la relativité était arrivé à Berne le 12 ou 13 juin. Einstein n'en fit pas le rapport dans *Beiblätter* dans lequel il faisait le résumé d'articles[75] alors qu'il y rapporte la même année un article provenant de cette même revue française écrit par Ponsot[76] (bien moins connu que Poincaré faut-il le dire ?). Il est donc certain qu'il avait lu l'article de Poincaré et qu'il l'a caché.

Le 30 juin il envoie son manuscrit à la revue *Annalen der Physik* rédigé avec l'aide de Besso[77] et certainement aussi de sa femme. Ce manuscrit sera signé Einstein Marić selon les souvenirs de A. Joffe (qui a lu l'article pour la revue *Annalen).* Le nom de son épouse Marić rappelle que dans sa correspondance Einstein parlait d'un article commun sur le mouvement relatif. Son nom devait être supprimé dans la publication, son rôle n'était certainement que dans la recherche de documentation (et la correction des articles[78]) comme les courriers le

____

75. Un rapport en 1904 et 15 en 1905.

76. Dans Beiblätter 140. Ponsot. CR de l'Académie des sciences de Paris 1905.

77. « M. Besso m'a constamment prêté son précieux concours pendant que je travaillais à ce problème, et que je lui suis redevable de maintes suggestions intéressantes. » (Einstein, à a fin de son article).

78. Lors d'une interview, Hanz Albert en 1962 dira que sa mère, Mileva, aidait son père, Einstein, sur les problèmes qu'il rencontrait en mathématiques. Le frère de Mileva, Miloš, quand il séjournait chez sa sœur, voyait « le jeune couple s'asseoir à la table, et à la lumière d'une lampe au kérosène, travailler à des problèmes de physique, calculer, écrire, lire et débattre. » (Their Love and Scientific Collaboration de Dord Krstić (Didakta, 2004). Ils divorcèrent en 1918-19, lorsque Einstein devint un physicien reconnu. Il méprisera son ex-épouse : « Mais tu m'as fait vraiment rire quand tu as commencé à me menacer de tes mémoires. T'est-il jamais venu à l'esprit, ne serait-ce qu'une seconde, que personne ne prêterait la moindre attention à tes salades… Quand une personne est quelqu'un de complètement insignifiant, il n'y a rien d'autre à dire à cette personne que de rester modeste et de se taire. C'est ce que je te conseille de faire. » (lettre d'Einstein à M. Marić 1925, cité par P. Ropert, France Culture 2018).

montrent, les femmes à cette époque étant très difficilement admises dans le milieu des scientifiques. Début juillet 1905, W. Röntgen, membre du comité de rédaction de la revue, donne ce manuscrit à son jeune assistant Abram Joffe pour l'examiner et en faire un rapport : c'est de règle avant l'ordre de publication. Joffe dira que ce manuscrit concernait un sujet d'actualité, l'électrodynamique, que son auteur était connu des éditeurs de la revue *Annalen* et qu'il en recommanda la publication (d'après les souvenirs de Joffe). On peut en déduire qu'il n'a pas porté un examen critique, mais comme cela arrive, il a accepté l'article sur la foi que son auteur avait la confiance de la direction de la revue. C'est ainsi que l'article a été publié, contre tout usage pour un article ne présentant aucune référence ; alors que l'on en attend sur Lorentz et Poincaré. Le directeur de la revue, le physicien Drude, avait bien d'autres choses à faire que de vérifier tous les manuscrits et n'en a probablement pas été informé. Drude était un physicien dont la carrière allait vers son couronnement, il allait bientôt devenir membre de l'Académie des sciences de Prusse à Berlin.

Il ne fait donc aucun doute que Poincaré avait l'antériorité de la publication du principe de la relativité et des formulations consécutives, et qu'Einstein a caché qu'il le savait. Mais que s'est il passé entre fin mai et fin juin 1905 ? Fin mai, un article était prêt selon sa correspondance, à l'état de brouillon, dont on ne connaît pas le texte sauf qu'il traite de relativité et de cinématique (transformation de repère, il connaissait à ce moment certainement l'article de Lorentz de 1904, physicien réputé dans ce domaine, il en a sans doute tenu compte, mais il ne connaissait pas encore celui de Poincaré qui le généralisait). Jusqu'au 12 juin, date d'arrivée de l'article de Poincaré à Berne, rien ne se passe, l'article n'est pas envoyé, mais on sait qu'Einstein lisait les C.R. de l'Académie des sciences de Paris. Il fallut attendre encore deux semaines pour que l'article d'Einstein soit envoyé à la rédaction, avec une cinématique semblable à celle de Poincaré. Voici le mystère dans cette quinzaine, beaucoup de choses restent cachées. Pourquoi Einstein a-t-il systématiquement caché les travaux de Poincaré (et de Lorentz 1904) ?

Certains scientifiques ne craignent pas de parler de plagiat ; nous n'en avons pas de preuve et il s'agit d'une accusation peut-être exagérée, car il est permis de s'inspirer des travaux des autres chercheurs, mais à la condition de les citer, c'est la déontologie de la recherche. Il faut constater qu'il n'a jamais dans cet article osé utiliser la première personne, contrairement à son article précédent sur les quanta où il écrivait : « il me semble que... je vais indiquer la succession de pensées et de faits qui m'ont conduit à... autant que je peux voir... ».

Einstein était employé au bureau des brevets à Berne depuis 1902, il était obligatoirement conscient de l'importance de la propriété intellectuelle. Il savait très bien que la déontologie de la recherche imposait de citer ses sources : dans son article sur les quanta de lumière, publié la même années 1905, il cite six fois Planck et une fois Drude[79]. Il était en quête de reconnaissance dans le milieu des physiciens. Tous ses camarades de promotion de l'institut polytechnique de Zürich avaient obtenu des postes d'assistants, mais pas lui, peut-être à cause de son caractère difficile et quelquefois insolent vis-à-vis de ses supérieurs. Il devait se contenter de donner des cours particuliers et de faire quelques remplacements, et c'est seulement en 1902 qu'il obtint un poste d'expert technique de troisième classe au sein de la division des brevets du Bureau fédéral de la propriété intellectuelle à Berne pour examiner les propositions de dépôt de brevet.

Trois mois après la mort d'Einstein, à Berne, pour une commémoration du cinquantième anniversaire de la découverte de la relativité, devant 89 participants de 22 pays, conformément au vœu d'Einstein d'honorer les contributions de Lorentz et Poincaré[80], Max Born, ami de longue date, prononça dans un discours : « le raisonnement qu'a utilisé Poincaré est exactement le même que celui qu'Einstein avait introduit dans son premier article de 1905 ». Puis : « cela veut-il dire que Poincaré savait tout cela avant Einstein ? ».

---

79. Über einen die Erzeugunq und Verwandgung des Lichtes. *Ann. Physik* 17, 132 (1905).
80. Einstein avait écrit deux ans auparavant : « J'espère que quelqu'un saisira cette occasion pour honorer comme il convient les mérites de H. A. Lorentz et H. Poincaré. »

Les auteurs de la relation entre Énergie et masse inertielle

La tentative de démonstration d'Einstein en 1905

$E = mc^2$ serait la plus célèbre formule au monde, elle est souvent nommée relation d'Einstein. L'article *Ist die Trägheit eines Körpers von seinem Energiegehalt abhängig?* reçu le 27 septembre 1905 par la revue *Annalen der Physik* (le numéro qui suivait celui qui traitait de la relativité) se proposait de répondre à la question du titre : l'inertie d'un corps dépend-elle de son contenu énergétique ? S'appuyant sur les équations de Maxwell et le principe de la relativité, après calcul il concluait : « Si un corps cède l'énergie E sous forme de radiation, sa masse diminue de E/c^2 », puis il généralisait : « La masse d'un corps est une mesure de son contenu en énergie ; si son énergie varie de E, sa masse varie dans le même sens de E/c^2 ». Enfin, il ajoutait une remarque intéressante sur la radioactivité : « Il n'est pas impossible qu'avec des corps dont le contenu énergétique est variable à un degré élevé (par exemple avec des sels de radium), la théorie puisse être testée avec succès ». Mais le problème est que sa démonstration est fausse, car elle contient une tautologie[81]. Cela ressemble à un travail fait à la hâte, qu'il reprendra l'année suivante. Deux numéros plus tard[82], Einstein reprend les considérations faites par Poincaré en 1900 à propos des forces de Lorentz et du principe de l'action et la réaction (il donne la référence de Poincaré 1900 mais pas de 1905 avec le lagrangien). Il aboutit à une conclusion similaire, formulée de manière plus explicite : « *Si donc à chaque énergie E on attribue la masse inertielle E/c^2, le principe de l'inertie est aussi valable – du moins en première approximation – pour des systèmes où ont lieu des processus électromagnétiques* ». Il explicite ce que Poincaré avait présenté en formule (1900 et 1905 en lagrangien), mais en se fondant sur sa propre démonstration non valide.

---

81. C. Bizouard, Conférence 2004. *E = mc². L'équation de Poincaré, Einstein et Planck.* Observatoire de Paris, Systèmes de Références Temps-Espace.
82. Dans la revue *Annalen der Physik* 325 (8), 627–633, en 1906.

Corrections de Planck

Le physicien Max Planck s'intéressait aux travaux d'Einstein, depuis que celui-ci avait ajouté une hypothèse intéressante à sa théorie des quanta dans un autre article de 1905 (Planck était directeur du comité de rédaction de la revue).

Planck démontra alors la relation $E = mc^2$ en 1908[83] sous l'angle de la thermodynamique, qui était sa spécialité. Avec le principe de moindre action et le principe de relativité, il parvint à relier l'enthalpie d'une cavité renfermant des radiations électromagnétiques à la masse de cette cavité pour obtenir la formule $E = mc^2$. Il nota qu'Einstein l'avait montré mais en faisant une réserve, très modérée, sur ce qu'avait fait son jeune collègue : « *cependant en première approximation seulement, sur l'hypothèse que l'énergie totale d'un corps en mouvement est composé additivement de son énergie cinétique et de son énergie rapportée à son système propre* » ce qui est considéré comme une tautologie d'Einstein. Celui-ci l'a retenue, puisqu'il proposa une véritable démonstration... en 1946, mais la démonstration la plus simple et la plus générale a été faite par le physicien américain Ives[84] en 1952 (en appliquant correctement les équations de l'article d'Einstein de 1905, ce que ce dernier n'avait pas fait !).

« $E=mc^2$ n'est pas la formule d'une seule personne, elle ne tire pas son origine de la seule théorie de la relativité : elle se trouve au confluent des principes de la mécanique, du principe de relativité et de la théorie électromagnétique. » (C. Bizouard).

Elle commencera à intéresser le monde scientifique lors des applications aux réactions nucléaires de radioactivité et de fission.

---

83. Planck M. (1908) : *Zur Dynamik bewegter Systeme*. Annalen der Physik. Vierte Folge, Band 26 , Seite 1-34.
84. Ives H. (1952) : *Derivation of the mass energy relation*, J. Opt. Soc. Americ. 42, 8, 540-543.

Quanta de lumière

L'article d'Einstein sur les quanta de lumière lui permit d'être reconnu parmi les chercheurs en physique. C'était en 1905, il avait déjà publié deux articles dont il dira en 1907 qu'ils ne valaient rien et étaient hors de propos. Sa thèse avait été refusée en 1901, parce que sa théorie des forces moléculaires sur laquelle elle portait était fausse (J.P. Auffray). Puis il présenta une nouvelle thèse en 1905, qui fut acceptée, ce qui le remit sur les rails, et il publia en même temps un article du même sujet. La même année, avec l'aide de son ami Besso[85], il publia l'article sur les quanta de lumière, qui le fit connaître à Planck qui était le découvreur des quanta d'énergie.

Cet article était intitulé *Sur un point de vue heuristique de la création et de la conversion de la lumière* [86]. « C'était le résultat de cinq années de réflexions pour expliquer les quanta de Planck en termes plus spécifiques »[87]. Planck avait montré que l'on retrouvait toutes les lois de l'émission du corps noir en supposant que chaque oscillateur (atome) émettait un quantum d'énergie E qui se transformait en lumière monochromatique de fréquence ν, telle que la quantité d'énergie élémentaire vaut $E = h\,\nu$, h étant une constante. Einstein trouvait des objections à cette affectation du quantum par la matière. Son hypothèse était de l'affecter en origine à la lumière. L'énergie d'une lumière monochromatique est la somme de nombreux quanta élémentaires chacun de valeur $h\,\nu$. Chaque élément lumineux est « localisé dans l'espace, se déplace sans être divisé, et ne peut être absorbé ou émis que comme un tout ». Il indiqua que la lecture d'un « article merveilleux de Lenard[88] » sur des rayons cathodiques, c'est-à-dire des électrons, émis par des rayons UV frappant un métal (cathode), avait déclenché sa

---

85. Lettre de Besso à Einstein, 1928 : « De mon côté, j'ai été ton public pendant les années 1904 et 1905 ; en t'aidant à rédiger tes communications sur le problème des quanta je t'ai privé d'une partie de ta gloire, mais en revanche, je t'ai procuré un ami, Planck ».

86. *Über einen die Erzeugung und Verwandlung des Lichtes betreffenden heuristischen Gesichtspunkt*. Reçu le 18 mars et publié le 9 juin 1905. Ann. Physik 17, 132. 1905.

87. Entretiens d'Einstein en 1952 avec R. S. Shankland (Am. J. Phys. 1963).

88. Maleva Marić avait suivi les cours de Lenard.

réflexion sur les quanta de lumière. Les expériences de Lenard montraient que la vitesse des électrons ne dépendait pas de l'intensité lumineuse. Selon Einstein, l'effet photoélectrique[89] correspond à l'action d'un quantum de lumière sur la cathode métallique avec émission d'un électron, un pour un. Cela permet d'obtenir les relations expérimentales entre l'intensité du courant électrique obtenu, la tension électrique et le flux de lumière[90]. Contrairement à ce que l'on peut lire dans certains ouvrages, il n'a pas abordé l'aspect corpusculaire (photon) de la lumière auquel il ne croyait pas. Ce n'était pas un oubli, il aurait pu le faire facilement, il suffisait de parler de la quantité de mouvement du flux lumineux[91]. Il faudra attendre 1916 pour qu'il reconnaisse l'aspect corpusculaire de la lumière (suite aux travaux de Millikan) qui sera vérifié expérimentalement en 1923 par l'effet Compton. Jusqu'à la fin de sa vie, il eut des difficultés à accepter la double nature de la lumière, ondulatoire et corpusculaire. « Toutes ces cinquante années de réflexion consciente ne m'ont pas rapproché de la réponse à la question : que sont les quanta de lumière ? »[92]

---

89. À la différence des rayons cathodiques, l'effet photoélectrique correspond à la lumière frappant une cathode placée dans le vide et non dans une atmosphère de gaz.
90. Il n'avait pas pensé à la fréquence de coupure qui aurait été une confirmation supplémentaire.
91. Défini plusieurs années auparavant par Poincaré.
92. The Born-Einstein Letters, Max Born, Macmillan 1971.

Marcel Grossmann   David Hilbert

Mathématiciens en relation avec la relativité générale

Chapitre 15

Les recherches d'une nouvelle théorie de la gravitation et la relativité générale

Le problème de la Gravitation

La relativité de l'électrodynamique à peine résolue, la loi newtonienne de la gravitation posa des problèmes, car elle ne respectait pas le principe de la relativité. C'est sans doute pour cela que Poincaré n'a jamais parlé de théorie de la relativité, mais de principe de la relativité et des conséquence électrodynamiques. Selon la théorie de Newton, le champ gravitationnel s'établit instantanément dans tout l'espace, donc avec une vitesse infinie ; or en relativité, la transmission de l'information ne peut se faire plus vite que la vitesse de la lumière. Du point de vue mathématique le champ gravitationnel n'est pas covariant dans la transformation de Lorentz. Poincaré avait suggéré les ondes gravifiques se propageant à la vitesse de la lumière, mais il ne poursuivit pas l'étude. Ces problèmes ont conduit des physiciens théoriciens et des mathématiciens à rechercher une théorie de la gravitation autre que celle de Newton. Plusieurs physiciens dont Max Abraham en Italie, Gustav Mie en Allemagne, Albert Einstein à Prague puis Gunnar Nordström à Helsinki et enfin Hilbert à Göttingen s'attelèrent à ce travail pendant plusieurs années, certains en conservant le principe de la relativité, d'autres non.

C'était donc un problème théorique, qui ne découlait pas directement des nécessités expérimentales à la différence de Copernic Galilée ou

Newton. Commence alors une prééminence des mathématiques sur les mesures.

Einstein

Dès 1907 Einstein avait remarqué que le principe de la relativité avec les transformations de Lorentz pour le mouvement uniforme ne pourrait convenir à la gravitation, et déduit qu'il faudrait trouver une nouvelle relativité convenant aux mouvements accélérés. Il se fonda sur une idée qu'il avait eue au bureau des brevets en voyant un homme chuter du toit d'un immeuble : au cours d'une chute libre, c'est-à-dire en mouvement uniformément accéléré, l'homme avait dû se sentir libre, c'est-à-dire ne pas ressentir la gravitation. Il privilégia dans ses recherches les référentiels en mouvement uniformément accéléré, alors que la relativité ne se satisfait que des référentiels en mouvements uniformes. Il justifiait son choix par l'identité vérifiée avec une grande précision entre la masse gravitationnelle (qui intervient dans l'attraction des masses) et la masse d'inertie (qui intervient dans les lois du mouvement). La mise en forme de tout cela l'obligea à abandonner le principe de la constance de la vitesse de la lumière pour aller vers une nouvelle théorie. Il démissionna de son poste aux brevets car il avait obtenu un poste d'enseignant à Zurich en 1909. Il commençait à être connu grâce à son article sur la relativité de 1905, s'intéressait aux travaux de Mach qui concernent la mécanique et rencontra un de ses disciples. Puis en 1911 il obtint un poste de professeur de grade plus élevé à Prague et reprit activement ses recherches sur la gravitation.

Grossmann

En 1912, Einstein quitta Prague pour retourner à Zurich. Il aura besoin pour continuer ses recherches d'une aide en mathématiques. Il écrivit à son ami Grossmann en août 1912 pour lui demander de lui obtenir des outils mathématiques. Grossmann était très intéressé, ils se répartirent le travail, Einstein sera responsable des aspects physiques, Grossmann des aspects mathématiques. Grossmann lui suggèra *la géométrie différentielle et le calcul tensoriel*. Einstein s'y initia. Les formulations avancèrent, mais un problème surgit : Einstein rejeta l'utilisation du tenseur de Ricci qui aboutirait au but recherché, la *covariance générale*[93], pour des raisons qui ont trait aux théories de Mach (relativité de l'inertie) et de Petzoldt (théorie de l'unicité) dont il était adepte. Ils étaient tout près du but recherché, mais ils devront se contenter d'une relativité moins générale. Ils continueront à travailler ensemble jusqu'en 1914, Einstein proclamant que la covariance générale est impossible.

Nordström

Un physicien finnois Gunnar Nordström (1881-1923) s'intéressait aux travaux d'Einstein sur la gravitation mais fit le choix de rester dans le cadre de la relativité de Lorentz et Poincaré. Il présenta deux versions successives, l'une en 1912, l'autre en 1913 grâce à un échange de points de vue avec Einstein, avec qui il fut en contact pendant cette période où sa théorie évolua. Einstein était très intéressé par cette théorie qui avait l'avantage d'être simple, avec le potentiel gravitationnel scalaire alors que lui utilisait un tenseur de champ gravitationnel avec 10 composantes. La théorie de Nordström avait besoin de moins d'hypothèses que la sienne, elle conservait la vitesse de la lumière constante. Celle d'Einstein ne pouvait respecter la constance de la vitesse de la lumière : « Or, de l'hypothèse d'équivalence, on peut déduire que, dans un cas particulier d'un champ de gravitation statique, un point matériel se meut conformément à la condition ci-dessus [δ(fds) = 0, où ds^2 = — dx^2 — dy^2 — dz^2 + c^2dt^2] pourvu toutefois que c [vitesse

---

93. C'est-à-dire qui traduit la conservation de la même formulation dans n'importe quel référentiel.

de la lumière] ne soit plus envisagé comme une constante[94], mais soit une certaine fonction du lieu, déterminée par le potentiel gravitique. »[95]

En juin 1913 Einstein est proposé comme membre de l'Académie des sciences de Prusse, considéré comme inventeur de la théorie électromécanique de la relativité. Planck justifia cette proposition : « Certes, le Dr Einstein dépasse quelquefois la juste mesure dans ses propositions, [...] Sans prendre de risques de temps à autre, même dans les sciences les plus exactes, il est impossible d'introduire de vraies innovations. » Mais en Prusse on oubliait sans doute que c'est Poincaré qui avait introduit l'innovation qu'est le principe de relativité[96]. Einstein sera élu le 24 juillet. Cette année-là, tout lui sourit : un riche financier, Léopold Koppel, offre de financer lui-même un salaire à Berlin, soit six mille mark par an, pendant douze ans. Il obtient aussi un poste à l'université sans obligation d'enseigner et la direction d'un institut de physique théorique qui lui permettra de recruter des collaborateurs.

Mach

Einstein était acquis aux idées du physicien Mach (nom que l'on connaît de nos jours pour la vitesse du son des avions), en particulier ce qu'il appellera la relativité de l'inertie ou principe de Mach, selon lequel l'inertie d'un corps dépend de l'interaction avec les autres corps. En juin 2013, il écrivit à Mach qu'une éclipse solaire montrera si la lumière est déviée par la masse du Soleil. « Si c'est le cas, alors l'inertie a bien son origine dans l'interaction avec d'autres corps ». Il effectue un calcul de la déviation selon $2GM/Dc^2$ et obtient 0,84". Cela implique le rejet de la constance de la vitesse de la lumière. Il achève ainsi sa théorie de 2013, en désaccord avec la relativité, qu'il diffusera un peu partout : « Le problème de la gravitation est clarifié à mon entière satisfaction. [...] Il est possible de démontrer que des équations généralement covariantes et

---

94. Poincaré n'avait pas choisi comme principe la constance de la vitesse de la lumière. Elle apparaît simplement comme conséquence dans l'électromagnétisme.

95. Einstein, *Bases physiques d'une théorie de la gravitation*, traduction E. Guillaume 1914.

96. Poincaré était mort. On était à la veille de la guerre entre la France et la Prusse.

susceptibles de déterminer complètement le champ ne peuvent pas exister[97]. » (Auffray). Ce ne sera pas sa version définitive.

Dans une conférence faite à Vienne, le 22 septembre 1913, Einstein indiqua que selon lui, seules deux théories de la gravitation restaient valides : la seconde théorie de Nordström et la sienne.

Les deux théories aboutissaient à une modification du temps local ainsi que des longueurs par le champ gravitationnel (prévoyant ainsi un décalage des raies spectrales du Soleil). Einstein ne cachait pas son intérêt pour la théorie de Nordström, il la présenta et il conclut ne pas savoir laquelle des deux était la meilleure : les mesures futures trancheraient ; la différence principale concernait la déviation de la lumière par un champ gravitationnel que la théorie de Nordström n'expliquait pas par une masse gravitationnelle associée à l'onde lumineuse.

Einstein n'avait pas cité la théorie de Mie, « car elle ne respecte pas totalement le principe d'équivalence ». Mie en prit ombrage et lui répondit que celle d'Einstein non plus. Il critiqua son utilisation du point de vue de Mach sur la relativité de l'inertie qui selon lui était *délirante*.

L'année suivante, en 1914, Einstein et Fokker, un élève de Lorentz, appliquèrent à la théorie de Nordström le traitement mathématique que Grossmann avait mis au point pour le projet d'Einstein, le calcul différentiel absolu, afin de mettre clairement en évidence les ressemblances et différences entre les deux théories. Cela aboutit à une simplification de la théorie de Nordström, avec l'indication d'un système de coordonnées où la vitesse de la lumière est constante, à la différence de la théorie d'Einstein. Cependant, l'espace-temps est déformé par le champ gravitationnel comme dans la théorie d'Einstein, mais la lumière ne possède pas de propriété gravitationnelle dans cette théorie, contrairement à la théorie d'Einstein. La théorie de Nordström avait des adeptes.

---

97. Plus tard, lorsqu'il apprendra qu'Hilbert a démontré que la covariance générale n'est pas impossible, il reprendra son calcul et obtiendra une valeur double.

Einstein et Hilbert 1915

Le mathématicien allemand David Hilbert avait 50 ans en 1912 à la mort d'Henri Poincaré, il devint alors le plus grand mathématicien de son époque. Il commença à s'intéresser à la physique, contacta divers physiciens, dont Einstein, qui avait 33 ans, prit connaissance des problèmes non résolus entre la gravitation et la relativité. L'objectif ambitieux était d'obtenir des lois de physique invariantes dans n'importe quel référentiel. C'est la *covariance généralisée,* alors que l'on n'obtenait jusque-là qu'une *covariance restreinte.* Les théoriciens se répartissaient en deux courants d'intérêt principaux, l'un autour de Mie, ami d'Hilbert, cherchait une covariance fondée principalement sur l'électromagnétisme, l'autre auprès d'Einstein, seulement sur la gravitation. Hilbert rechercha la covariance en même temps dans l'électromagnétisme et la gravitation.

Einstein, intuitif, procédait par touches successives, avec des erreurs, puis appliquait des corrections. Il butait sur ce problème de la covariance générale qui lui paraissait impossible. Ils se rencontrèrent, Einstein obtint l'aide d'Hilbert, ce qui est assez peu connu, les biographes n'en parlant généralement pas. C'est pourtant lui qui permettra à Einstein d'achever sa théorie en prouvant la covariance généralisée qu'Einstein avait refusée à Gossmann trois ans auparavant.

Ils échangèrent une correspondance au cours du mois de novembre 1915, dont voici quelques extraits[98] :

- Einstein à Hilbert, Berlin, dimanche 7 novembre 1915.
« Très estimé Collègue, par le retour du courrier, je vous envoie la correction d'un papier dans lequel j'ai changé les équations gravitationnelles, après m'être rendu compte il y a à peu près quatre semaines que ma méthode de démonstration était fallacieuse. Mon collègue Sommerfeld a écrit que vous avez aussi trouvé un cheveu dans

---

98. *How were the Hilbert--Einstein Equations Discovered ?* 2004. A. A. Logunov, M. A. Mestvirishvili et V. A. Petrov, in Phys.Usp. 47. 607-621.

ma soupe qui vous l'a totalement gâtée. Je suis curieux de savoir si vous accepteriez avec bonté cette nouvelle solution. Avec mes salutations cordiales, votre A. Einstein. »

   ... plusieurs lettres...
   - Hilbert à Einstein, Göttingen, le 13 novembre 1915.
« Pour autant que je comprenne votre nouveau document, la solution que vous donnez est entièrement différente de la mienne, d'autant que la mienne doit obligatoirement contenir aussi le potentiel électrique. Hilbert. »

   - Hilbert lui envoie une carte postale, le 14 novembre 1915.
« J'ai trouvé une solution axiomatique à votre grand problème » et il l'invite à venir assister le 16 novembre à la présentation de sa théorie devant la Société Royale de Physique à Göttingen (*Die Grundlagen der Physik* Les fondements de la physique).

   - Einstein à Hilbert, Berlin, le 15 novembre.
« Très estimé Collègue, votre analyse m'intéresse énormément, d'autant plus que je me suis souvent creusé la tête pour construire un pont entre la gravitation et l'électromagnétisme. Les indications que vous donnez dans votre carte postale éveillent en moi les plus grandes attentes. Néanmoins, je dois m'abstenir de voyager jusqu'à Göttingen pour le moment et dois plutôt attendre patiemment que je puisse étudier votre système dans l'article imprimé, car je suis fatigué et en proie à des maux d'estomac. Si possible, envoyez-moi une épreuve de correction de votre étude pour atténuer mon impatience. Avec mes meilleures salutations et mes remerciements cordiaux, également à Mme Hilbert, votre A. Einstein. »

   - Hilbert débuta ainsi sa conférence du 16 novembre : « Le grand problème soulevé par Einstein, ainsi que ses méthodes ingénieuses pour les résoudre, et les pensées profondes et les définitions originales par lesquelles Mie a exposé son électrodynamique, ont ouvert de nouvelles voies pour l'étude des bases de la physique.

Dans ce qui suit – au sens de la méthode axiomatique – je voudrais essentiellement poser un nouveau système d'équations de la physique à partir de deux axiomes simples, qui sont d'une beauté idéale et qui, je crois, contiennent en même temps la solution aux problèmes d'Einstein et de Mie. Je fournirai plus tard des informations plus détaillées et, surtout, l'application spéciale de mes équations de base aux questions fondamentales de la théorie de l'électricité... »

C'était une unification de toute la physique connue à cette époque, fondée sur deux axiomes formulant l'énergie. Il dira à la fin de sa conférence qu'il s'agit d'une théorie axiomatique, « tant mieux si elle permet de mieux comprendre la nature, mais c'est une simple construction de l'esprit, elle n'est une théorie de rien ». Hilbert envoya le texte à Einstein, qui sera publié le 20 novembre. Cette théorie contient notamment l'équation que nous connaissons aujourd'hui sous le nom d'équation de la relativité générale d'Einstein (Auffray).

- Einstein à Hilbert, Berlin, le 18 novembre.
« Cher collègue, le système que vous fournissez est conforme – pour autant que je puisse voir – exactement à ce que j'ai trouvé ces dernières semaines et que j'ai présenté à l'Académie. [...] Aujourd'hui, je présente à l'Académie un document dans lequel je dérive quantitativement des principes généraux de relativité, sans aucune hypothèse directrice, le mouvement du périhélie de Mercure découvert par Le Verrier. Aucune théorie de la gravitation n'avait atteint cet objectif jusqu'à présent. Cordialement vôtre. Einstein. »

Comme à son habitude, lorsque il a été devancé dans l'obtention d'une solution, Einstein prétend qu'il l'a trouvée le premier, mais il n'en fournit jamais la preuve. Il se remet immédiatement au travail et publie. Les échanges sont cordiaux, comme chaque fois qu'il attend un service, mais en privé, il en est autrement, Einstein ayant deux visages : « je n'aime pas sa théorie, il présente les choses de façon trop particulière … trop compliquée, sa théorie est peu honnête quant à sa structure. » Einstein reproche d'avoir traité en même temps la gravitation et l'électromagnétisme (lettre 24 mai 1916 à Ehrenfest). Pourtant il va se lancer dans la même recherche de l'unification, avec sa propre méthode, mais en vain. (Auffray, p. 256)

Leur collaboration a permis la mise au point définitive de la théorie de la gravitation d'Einstein. 'Sa' formule provenait initialement d'Hilbert dans son article lu le 16 novembre à Göttingen où il montrait qu'à partir de deux axiomes on peut faire découler les champs de toute la physique, électromagnétisme et gravitation, une théorie mathématique plus générale que celle d'Einstein qui ne concerne que la gravitation. Puis Einstein à Berlin la présenta à sa manière le 25 novembre, la publia le 2 décembre 1905. Cette formule, qu'on appelle couramment formule d'Einstein en oubliant qu'elle a été trouvée en premier par Hilbert, sert de base aux calculs actuels de la relativité générale, notamment en astronomie.

Vu la complexité mathématique, les calculs de relativité générale ne peuvent être faits que par des mathématiciens (Einstein n'en était pas capable tout seul). Lorsqu'on présente la relativité générale, on cite aussitôt la déformation de l'espace-temps, qui n'est qu'une méthode mathématique, et qui n'est pas due à Einstein, mais à Grossmann et Hilbert.

Max Born, proche ami d'Einstein, a été témoin de la mise au point de la relativité générale. Il donna son avis quarante ans après : « combinaison étonnante de pénétration philosophique, d'intuition physique et de théorie mathématique, mais dont les connexions avec les données de l'expérience sont ténues : en un mot une magnifique œuvre d'art qui demande à être contemplée et admirée de loin. »[99] (M. Born, 1956, traduction Auffray[100]). Il rejoint ainsi l'avis d'Hilbert sur le peu

99. La relativité générale apporte une correction de l'ordre de la seconde d'arc pour la déviation de la lumière par le Soleil, de même par siècle pour l'orbite de Mercure, deux millionièmes pour le décalage des raies par le champ à la surface du Soleil.
100. M. Born, *Physics and relativity*, 1956, traduction Auffray.

d'utilité pratique de telles théories (et à créer des chimères telles que la matière noire ou l'énergie noire invérifiables).

Les recherches de preuves expérimentales de la relativité générale

La célébrité d'Einstein, au-delà des spécialistes, a débuté par la présentation au public des vérifications expérimentales. Il y eut deux types de mesures.

L'avance du périhélie de Mercure
Le 18 novembre 1915, Einstein envoya à l'Académie des sciences de Prusse les nouveaux calculs d'application de sa théorie sur l'orbite de Mercure, dont il était très fier. Il s'était remis au travail juste après la solution d'Hilbert pour rectifier ses calculs précédents, puis annonça qu'il obtenait avec sa théorie de la gravitation une valeur extrêmement proche des mesures que l'on connaissait depuis longtemps (à moins d'une seconde d'arc)[101]. Cela constituait pour lui la validation qu'il attendait de sa théorie.

Comment avait-t-il procédé ? Il apporta des modifications au calcul qu'il avait fait avec Besso, et arriva à une formule $3\pi\alpha/a(1-e^2)$. « Puis à la ligne suivante il la convertit − sans expliquer pourquoi ni comment − en $24\pi\alpha^3/T^2c^2(1-e^2)$ » (Auffray) qui est la formule qui donne la valeur expérimentale. Ce qui est étrange, c'est qu'un autre physicien et astronome, Gerber, avait obtenu et publié cette formule en 1898 et 1902, dix-sept ans auparavant[102]. Quand on lui fit l'objection, il répondit qu'il ne la connaissait pas (comme la relativité de Poincaré). En examinant la formule utilisée par Einstein, on constate que pour certaines conditions initiales la vitesse pourrait dépasser celle de la lumière : son équation utilisée arrive au bon résultat, mais elle n'est pas

---

101. A. Einstein, Königlich-Preussische Akademie der Wissenschaften, Sitzungsberichte 1915. (part 2), 831. *Erklarung der Perihelbewegung des Merkur aus der allgemeinen Relativitatstheorie* (Explication du mouvement de périhélie de Mercure par la théorie de la Relativité Générale).
102. La relativité n'existait pas à son époque. Il se fondait sur une vitesse dépendant du potentiel gravitationnel.

correcte (Engelhardt 2017 : 2-3). Il n'était pas capable d'utiliser seul la formule de la relativité générale, n'étant pas un spécialiste des espaces non euclidiens, et cela aurait demandé beaucoup de temps à un mathématicien féru. Hilbert qui était incontestablement le plus grand mathématicien lui écrivit dès qu'il eut connaissance de ce succès, le 19 novembre 1915 : « Si j'étais capable de calculer aussi vite que vous, alors l'électron capitulerait devant les équations et l'atome d'hydrogène aurait à s'excuser pour le fait qu'il ne radie pas son énergie[103]. » Ceux qui ne voient pas d'ironie dans ce propos, y verront peut-être l'hommage à un génie…

Les physiciens et mathématiciens qui ont examiné les bases des calculs d'Einstein arrivent à la conclusion que son calcul ne respecte pas sa Relativité Générale, car il revient à annuler la dépendance de la masse avec la vitesse[104] (Engelhardt, 2017). En 1917, un astronome hollandais Willem de Sitter l'avait signalé à Einstein (Auffray : 279-80). Comme souvent Einstein essaya des modifications, mais sans succès. Cette prétendue vérification n'est plus guère prise en considération comme preuve[105], sauf parmi les fidèles du grand homme.

Après des objections d'Ehrenfest sur l'état de sa théorie, Einstein avait écrit à Lorentz : « La série de mes articles sur la gravitation forme assurément une suite d'erreurs[106] qui conduit néanmoins au bon résultat. Les équations de base sont correctes même si la dérivation que j'en ai donnée est atroce. Il va falloir remédier à cela. »[107] Il lui suggéra de le faire, mais sans succès (Auffray p253). Einstein se mit alors à écrire un ouvrage de vulgarisation sur la relativité.

---

103. Ce dernier point fut l'une des observations expérimentales à l'origine de la mécanique ondulatoire naissante.

104. W. Engelhardt, 2017. Free Fall in Gravitational Theory in Physics Essays, Vol. 30. 294.

105. Voir Jean-Marc Bonnet-Bidaud, *Les preuves étaient fausses*. "Ciel et Espace", mai 2008, no 456, p. 52-56 (2008).

106. « Si vous saviez toutes les difficultés que j'ai eu en mathématiques » (cité dans Balibar, Einstein, la joie de la pensée : 27).

107. Lettre d'Einstein à Lorentz du 12 janvier 1916.

Immédiatement après avoir compris grâce à Hilbert que la covariance générale était possible, Einstein reprit aussi les calculs qu'il avait effectués deux années auparavant. Il obtint avec son nouveau calcul le double $2GM/Dc^2$, soit 1,75″. Il utilisait les lois traditionnelles d'optique en tenant compte d'un retard gravitationnel à l'onde. La courbure de l'espace n'a pas été prise en compte, ce n'était donc pas une complète application de la théorie générale de la relativité, mais une application de la modification du temps local par le champ de gravitation. Il annonça que la vérification sera tentée à l'occasion de la prochaine éclipse totale du Soleil.

Éclipse solaire de mai 1919 et la communications d'Eddington[108]

La validité de la théorie d'Einstein parut évidente à la suite de l'observation de la déflexion de la lumière par le Soleil lors de l'éclipse du 29 mai 1919 visible dans l'hémisphère sud, et des déclarations faites par Eddington, qui correspondaient aux prévisions du calcul d'Einstein. Cela fit l'objet d'articles en faveur d'Einstein dans les journaux les plus sérieux de Grande Bretagne et des États-Unis (et fit croire aux scientifiques à l'échec de la théorie de Nordström, puisqu'elle n'attribuait pas de masse gravitationnelle à la lumière et donc pas de déviation possible de la lumière, croyait-on, du moins d'après les forces de Newton).

Cette vérification et son interprétation avaient posé des problèmes sérieux. Il y eut deux expéditions, l'une au golfe de Guinée (à Sundy) avec la présence d'Eddington, directeur de l'observatoire de Cambridge, l'autre au Brésil (à Sobral) sous la responsabilité de Dyson, directeur de l'observatoire de Greenwich, qui n'alla pas lui-même sur place.

Les conditions météorologiques furent très difficiles dans l'expédition d'Eddington. Sur 12 clichés sur plaques, deux seulement

---

108. Pour une documentation détaillée sur ce sujey, lire : Relativity and Eclipses: The British Eclipse Expeditions of 1919 and Their Predecessors John Earman; Clark Glymour. Historical Studies in the Physical Sciences (1980) 11 (1): 49–85.

furent utilisés. Ils montraient 5 étoiles seulement (selon l'astronome Poor qui a vu ces plaques). Eddington fit des calculs avec ces deux plaques et conclut à une déviation au bord du Soleil, entre 1,31" et 1,91", ce qui confirmait le résultat du calcul d'Einstein de 1,75".

L'astronome de Sitter qui était en liaison avec Eddington, communiqua les premiers résultats à Lorentz qui fit parvenir un télégramme à Einstein le 22 septembre : « mesures préliminaires 0,9 et double ». Einstein envoya aussitôt une carte postale à sa mère : « l'expédition anglaise a vérifié la courbure de la trajectoire. »

L'expédition au Brésil fournit 19 plaques avec la lunette de 20 cm et 8 avec la lunette de secours de 10 cm ainsi que les plaques témoin pour les calculs nécessaires des différences angulaires. Le résultat avec 15 étoiles[109] fut 0,93", ce qui posait un gros problème à Eddington. Mais avec les plaques de secours de moins bonnes performances, on trouvait 1,98". Eddington choisit uniquement pour ses calculs deux de ses plaques.

Quels étaient les arguments permettant de sélectionner sur 30 plaques seulement 2 plaques d'Eddington ? Il n'a jamais publié de contrôles permettant de juger les précisions de ses observations (effet de températures, effet de réfraction des nuages, de la résolution des plaques et de l'optique...). Selon C.L. Poor[110] (astronome, professeur à l'université de Colombie, le seul qui a vu les plaques d'Eddington), « les réels déplacements d'étoiles, s'ils sont confirmés, ne sont conformes avec la théorie d'Einstein ni pour la direction, ni la taille, ni le taux de décroissance en fonction de leur distance au soleil. [...] et un seul [Eddington] a fait l'étude et le traitement des données obtenues, toutes les composantes non radiales ont été éliminées comme erreurs accidentelles. » D'autres astronomes ont défendu l'interprétation d'Eddington, mais sans avoir vu les plaques, qui ont disparu. Cependant,

---

109. Un nouveau calcul fut effectué en 1979 par Harvey, de l'observatoire de Greenwich, il obtint 1,55".
110. Poor, C.L. (1930), *The Deflection of Light as Observed at Total Solar Eclipses*, J. Opt. Soc. Amer. 20:173-211.

la déviation, dont la preuve n'a pas été apportée par Eddington, existe réellement, les mesures postérieures plus précises le montrent.

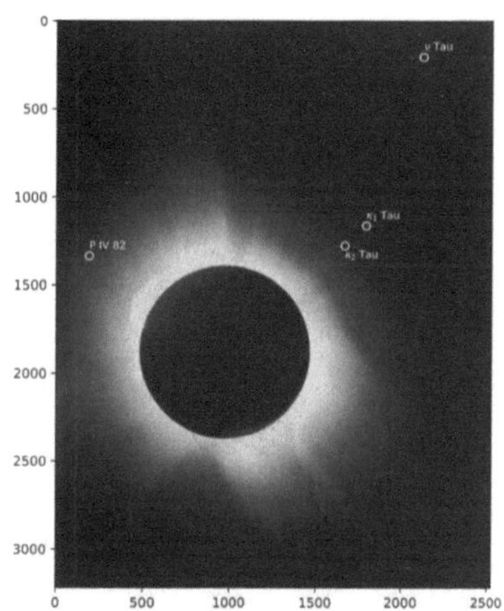

La commission archives et patrimoine du LESIA a redécouvert et présenté en 2019 une copie de l'une des plaques de l'éclipse solaire de 1919, réalisée par Crommelin à Sobral. À gauche, la plaque, à droite, après numérisation, le repérage des étoiles. (*Observatoire de Paris-PSL / I. Bualé, LESIA ; Observatoire de Paris-PSL / D. Valls-Gabaud, LERMA*)

Une réunion extraordinaire de la Royal Society de Londres fut organisée pour le 6 novembre. Eddington proclama : « Un résultat précis a été obtenu : la lumière est déviée en accord avec la loi de gravitation d'Einstein. » Bien qu'un membre polonais se fût écrié « il n'est pas scientifique d'affirmer que la déviation, dont j'admets la réalité, est ou n'est pas d'origine gravitationnelle », le président de la Royal Society Sir Joseph J. Thomson concluera : « … ce résultat est l'une des plus grandes réussites de la pensée humaine. » (cités par Auffray). Le lendemain, le Times de Londres publia un article sur le sujet qui concluait : « Les prédictions ont été vérifiées pour deux ou trois cas, mais la question reste ouverte de savoir si ces vérifications prouvent la théorie de laquelle elles ont été tirées. »

Le physicien Sir John Maddox rédacteur en chef de la revue Nature écrivit en 1995 : « ce qui n'est pas très connu, c'est que les mesures faites en 1919 n'étaient pas particulièrement précises » ; « En dépit du fait que les preuves expérimentales en faveur de la relativité semblent avoir été tout à fait fragiles en 1919, la renommée énorme d'Einstein est demeurée intacte et sa théorie a dès lors été tenue comme étant l'un des plus grands succès de la pensée humaine". Les vérifications n'avaient pas valeur de preuve, ni les calculs d'Einstein, mais les résultats d'Einstein étaient justes. Son intuition physique allait au-delà de ses laborieuses mathématiques...

Masse gravitationnelle ou inertielle ?

Le succès d'Einstein n'a plus laissé de place à la théorie de Nordström qui l'abandonna et se rallia à celle d'Einstein. Il proposa même deux fois Einstein au prix Nobel pour la relativité, sans succès (il l'obtint pour un autre motif[111]), et mourut en 1923.

Les travaux de Nordström bénéficient actuellement d'un renouveau d'attention des spécialistes intéressés par l'unification des interactions (avec espaces multidimensionnels), car plus de trente années de recherche d'Einstein dans ce domaine ont abouti à une impasse, et la conception de Nordström, consistant à ajouter une dimension, paraît prometteuse. Cette théorie avait été abandonnée parce que, croyait-on, elle ne pouvait expliquer la déviation gravitationnelle de la lumière, ce qui mériterait un nouvel examen.

Le calcul de la trajectoire du photon au voisinage du Soleil n'a pas été effectué par Nordtröm, car on ne connaissait pas la nature corpusculaire de la lumière, c'est à dire le photon (effet Compton 1923,

---

111. "pour ses contributions à la physique théorique et particulièrement pour sa découverte de la loi de l'effet photoélectrique", prix de 1921 décerné en novembre 1922.

Photon 1926). Par Einstein non plus, qui en 1915 avait fait le calcul ondulatoire de la déviation (1″.75) de la lumière en tenant compte d'un retard gravitationnel qui portait ses effets à la déviation de la lumière calculée par les moyens classiques de l'optique (Poor 1930)[112]. La courbure de l'espace n'avait pas été prise en compte, ce n'était donc pas une véritable application de la théorie telle qu'elle avait été formalisée avec les mathématiques de Grossmann et Hilbert.

On effectue actuellement le calcul de la déviation de la lumière par la formule de la relativité générale avec déformation de l'espace-temps. Il apparaît que cette déviation dépend de plusieurs facteurs, dont le seul qui provient du photon est son moment cinétique, c'es-à-dire le moment de la quantité de mouvement, qui est une grandeur strictement liée à la masse d'inertie et non à la masse gravitationnelle.

$$\left(\frac{1}{r^2}\frac{dr}{d\phi}\right)^2 = \left(\frac{E}{L}\right)^2 - \left(1 - \frac{2M}{r}\right)\frac{1}{r^2}$$

E : énergie du photon   L : moment cinétique du photon r et ϕ : coordonnées polaires
M : masse du Soleil

En d'autres termes, on peut dire que la trajectoire de la lumière est déviée uniquement par l'effet de la gravitation du Soleil sur l'espace (sur les longueurs, le temps et la vitesse de la lumière). L'application de la théorie aboutit à une expression qui permet de calculer la déviation par intégration[113]de la formule présentée ci-dessus. La valeur obtenue correspond à la valeur trouvée par Einstein, mais ne doit rien à une hypothétique masse gravitationnelle du photon. Or la théorie de Nordström (dans la formulation mathématique de Fokker) implique également une courbure de l'espace. On ne devrait pas la rejeter sans avoir effectué le calcul de la déviation du photon. La déviation

---

112. Poor, C.L. (1930), *The Deflection of Light as Observed at Total Solar Eclipses*, J. Opt. Soc. Amer. 20:173-211. Charles Lane Poor (1866-1951) professor of astronomy at Columbia University.
113. C. Magnan, astrophysicien.

gravitationnelle de la lumière existe, mais elle n'est pas la conséquence d'une supposée masse gravitationnelle du photon[114].

Raies de Fraunhofer

Le décalage spectral observé vers le rouge des raies d'absorption de la lumière solaire (raies de Frauhofer) a été interprété dès 1907 par Einstein comme provenant de l'effet de gravitation sur les atomes responsables de ces raies. Cet effet existe, mais les observations, très délicates à réaliser à cause du grand nombre de raies, du mouvement de rotation du Soleil, de l'instabilité de la chromosphère et de la faible déviation, n'ont pu confirmer cette interprétation. On observe maintenant que le décalage des raies dépend de la distance entre l'atome émetteur et le centre du disque solaire. Dans la région centrale le décalage est très faible, puis il croît lorsque l'on approche du bord, le limbe (figure 31). Cela ne correspond pas au décalage gravitationnel qui devrait être le même partout. La relativité générale n'est pas mise en échec, mais seulement la manière dont on l'applique à des phénomènes relevant de la mécanique quantique, comme l'a montré Brynjolfsson (page 103).

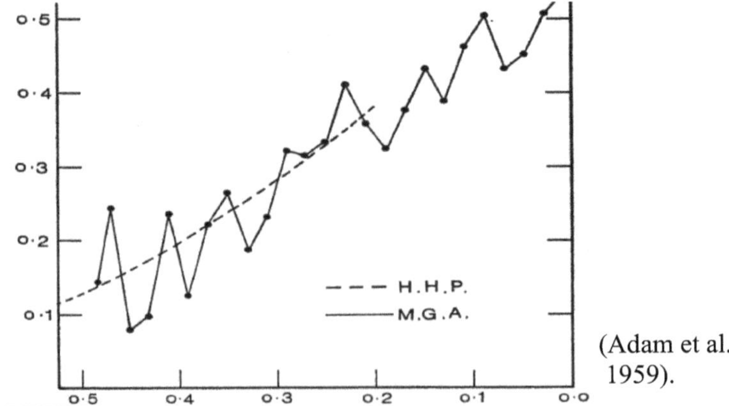

(Adam et al. 1959).

114. Riveros et Vucetich ont calculé que la déviation est due pour moitié à la courbure gravitationnelle de l'espace et pour moitié à la variation de la vitesse de la lumière dans la théorie d'Einstein (Riveros C., and Vucetich, H., Phys. Rev. D., 34 (1986) p. 321.

Figure 31. Représentation de cz (km/s) en fonction de l'angle avec la direction du limbe (parce que la surface est sphérique, le limbe est à l'extrême droite, $\cos\alpha = 0$). Pointillés : Plaskett 1973 qui regroupe droite et gauche ce qui élimine l'influence des mouvements.

On sait maintenant que la lumière solaire est émise en trains d'onde dont la longueur, quelques mètres, très faible par rapport à la distance Terre-Soleil, en conséquence la fréquence des ondes se réajuste au cours du trajet en fonction du champ de gravitation local : celui-ci diminue et produit au bout du trajet un effet exactement opposé à celui qui a été produit lors de la formation de ces raies. Il n'est donc pas possible d'interpréter le décalage mesuré depuis la Terre par le seul effet de la gravitation sur la photosphère, proche du Soleil (voir calcul Brynjolfosson page 192 et suivantes).

Einstein avait bien écrit en 1905 que les quanta de lumière sont localisés, mais il se rétracta par la suite : « J'insiste sur le caractère provisoire de ce concept qui ne semble pas réconciliable avec les conséquences expérimentalement vérifiées de la théorie ondulatoire. » (Einstein, 1911, 1° Congrès Solvay). Il refusait la mécanique quantique, ce fut son problème majeur, jusqu'à la fin de sa vie « Cinquante années de rumination délibérée ne m'ont pas rapproché davantage de la réponse à la question : que sont les quanta de lumière ? De nos jours, n'importe quelle canaille pense connaître la réponse, mais c'est une erreur. » (traduction *Pour la science* 2002).

De la science à la cosmologie

La cosmologie concerne la totalité de l'univers comme ce mot l'indique ; pour lui appliquer les équations de la relativité générale, il faut connaître certains paramètres, densité de masse, d'énergie, savoir si l'univers est homogène, toutes choses non accessibles. On utilise alors des hypothèses au lieu de mesures. Le modèle d'Einstein est décrit par l'abbé Lemaître en 1917 : « Tout comme pour la solution d'Einstein, nous assimilons l'univers à un gaz très raréfié dont les nébuleuses extragalactiques [= galaxies] forment les molécules ; nous les supposons assez nombreuses pour qu'un volume petit par rapport à l'ensemble de l'univers contienne assez de nébuleuses pour que nous puissions parler de la densité de matière. Nous supposons que la répartition des nébuleuses est uniforme et donc que la densité est indépendante de la position. » Pourquoi ce modèle de l'univers ? Probablement à cause du succès de la théorie cinétique des gaz, qui était un progrès encore récent à cette époque, mais les observations les plus récentes des galaxies montrent une grande hétérogénéité, des amas et des super amas de galaxies, arrangés en structures filamenteuses et murs qui ne correspondent à rien de ce que l'on connaît dans les gaz ni dans des effets gravitationnels. Ce modèle du gaz ne correspond pas à la réalité. Cette cosmologie repose sur une hypothèse non vérifiée, elle est pourtant encore utilisée, avec quelques aménagements. Des mathématiciens se sont emparés de ce modèle avec le succès médiatique et institutionnel que l'on connaît, et qui donne un univers non accessible à l'observation : trous noirs, matière noire, énergie noire...

Portrait

Un portrait scientifique d'Einstein a été fourni par Poincaré. Le physicien alsacien Pierre Weiss avait demandé à Poincaré d'appuyer sa candidature à un poste d'enseignant à l'ETH de Zurich ; Poincaré lui écrivit en 1912, peu de temps avant sa mort : « *M. Einstein est un des esprits les plus originaux que j'aie connus. [...] Mais comme il cherche dans toutes les directions, on doit s'attendre à ce que la plupart des voies dans lesquelles il s'engage soient des impasses ; mais on doit en même temps espérer que l'une des directions qu'il a indiquées soit la bonne. Mais c'est bien ainsi que l'on doit procéder. Le rôle de la physique mathématique est de poser des questions, ce n'est que l'expérience qui peut les résoudre.* » (cité par Auffray)

Au moment ou Poincaré écrivait cela, aucune des hypothèses d'Einstein n'avait été prouvée par l'expérience. Poincaré avait raison d'« espérer » que l'une des directions soit la bonne : quelques années plus tard, l'hypothèse des quanta de lumière fut prouvée par Millikan en 1926 « Einstein a été conduit à l'idée de quanta de lumière qui s'est avérée si fertile. En effet, nous avons maintenant de nombreuses preuves que l'énergie radiante (au moins dans le cas des hautes fréquences) peut être considérée comme se déplaçant en unités discrètes, chacune en trajectoires en accord avec les lois de la mécanique », mais il ne l'a pas poussée jusqu'à l'existence du corpuscule qui sera appelé photon, et n'a considéré sa théorie de quanta de lumière que comme provisoire. La bonne direction qu'il a suivie jusqu'au bout, avec beaucoup d'aides, est la relativité générale.

La nouvelle mécanique, nouvelles générations de chercheurs

À Göttingen, Max Born, un ami d'Einstein, devint en 1925 directeur de l'Institut de Physique Mathématique, succédant à Hilbert, entouré de jeunes chercheurs, Heisenberg, Dirac, Pauli, en France de Broglie. Tous participaient au développement d'une véritable révolution en physique, la mécanique quantique avec leurs aînés Bohr et Planck. Einstein se tint à l'écart de ces travaux qui furent couronnés de succès et source d'une multitude d'applications. Il continua à travailler pendant quarante années, en recherchant une unification de l'électromagnétisme et de la gravitation comme Hilbert l'avait fait, mais sur d'autres bases, et sans succès. Installé aux États-Unis depuis 1933, il bénéficiait d'une incroyable promotion médiatique, répondait à des milliers d'interviews sur tous les sujets, qui ont fait de son nom le mythe du génie scientifique, éclipsant les noms des grands chercheurs qui ont largement contribué à ses travaux comme Poincaré, Lorentz, Grossmann et Hilbert. Ce n'était probablement pas sa volonté.

Rêves éveillés . . .

Si un évêque un cardinal et un mathématicien protestant n'avaient pas poussé un Abbé à publier sa révolution de l'astronomie qu'il ne cherchait pas à diffuser, Newton aurait-il conçu ses lois de la dynamique ? Quand et comment aurait on-découvert les planètes Neptune et Pluton, et les exoplanètes ? Quand aurait-on lancé des fusées et des satellites ? ...

Essayons d'imaginer comment serait notre vie quotidienne si au début du XXe siècle tous les grands physiciens avaient comme Einstein rejeté la mécanique quantique ? Pas de semi-conducteurs pour l'électronique, pas de miniaturisation, les ordinateurs peu puissants occuperaient chacun le volume d'une grande armoire, pas d'Internet, pas de smartphone, pas de fusée vers les planètes, etc., mais les bombes nucléaires existeraient.

Et s'il n'y avait pas la relativité générale ? Que nous manquerait-il ? La matière noire, l'énergie noire, les trous noirs, c'est-à-dire tout ce qui n'est pas observable ou mesurable, inutile ?

✿ ✿ ✿

Annexe

Documents

I   Aux origines de l'Astronomie

Extraits de J. S. Bailly (1736 - 1793[115]) , Astronome. Député du Tiers État, Président de l'Assemblée Constituante. Premier maire de Paris.

HISTOIRE DE L'ASTRONOMIE ANCIENNE, DEPUIS SON ORIGINE JUSQU'À L'ÉTABLISSEMENT DE L'ÉCOLE D'ALEXANDRIE
par Mr Bailly, Garde des Tableaux du Roi, de l'Académie Royale des Sciences et de l'Institut de Bologne, & de l'Académie de Stockholm.
1781.

…

[pages où il montre comment il est arrivé à la conclusion que les observations astronomiques ont débuté environ 3000 ans avant notre ère :]
Cet ouvrage [de Claude Ptolémée] fait la communication entre l'astronomie ancienne et moderne. Des observations importantes par leur antiquité y sont conservées. Sans elles, nous ne connaîtrions pas les mouvements moyens des planètes aussi exactement que les connaissaient Hipparque et Ptolémée. Ce livre d'ailleurs contient les méthodes ou les germes des méthodes qui sont encore pratiquées aujourd'hui.

...

IX

« Les anciens Perses, qui selon nous sont les ancêtres des Chaldéens, avaient une forme d'intercalation qui suppose une période de 1440 ans. Nous démontrons que cette période doit avoir été établie & avoir commencé vers l'an 3209. On lit dans leurs livres qu'il y avait anciennement quatre étoiles qui indiquaient les quatre points cardinaux, & l'on trouve effectivement que 3000 ans avant J. C. les étoiles nommées l'œil du Taureau, & le cœur du Scorpion, étaient précisément

---

115. Il mourut guillotiné en 1793.

dans les deux équinoxes, tandis que le cœur du Lion & le Poisson austral étaient très près des deux solstices. Le hasard ne produit point de pareils rapports. Nous sommes fondés à croire que la remarque appartient réellement au temps que nous avons marqué, & confirme ce que nous apprend la période de l'intercalation, que l'Astronomie était établie dans la Perse l'an 3209.

Les Indiens ont la même antiquité. Ils disent que le monde a eu quatre âges. Le premier a duré 1728000 années, le second 1296000, le troisième 864000, & le quatrième, qui est lié en même temps à leur époque astronomique durait en 1762 depuis 4863 ans. Le petit nombre d'années de ce dernier âge, en comparaison de la durée prodigieuse des trois premiers, prouve évidemment que ceux-ci sont fabuleux, ou plutôt renferment des années d'une espèce très différente des nôtres. Mais en même temps on voit clairement que les années du dernier âge sont des années solaires, & qu'il est fondé sur une véritable époque historique qui remonte à l'an 3101. Comme c'est de cette époque qu'ils partent pour calculer les mouvements du Soleil, de la Lune & des Étoiles en longitude, il s'ensuit que c'est aussi la date de leur Astronomie.

Nous trouvons encore dans Ptolémée une observation des Pléiades, qui nous parait devoir appartenir aux Indiens. On sait par le livre de Job que cette constellation a été très anciennement connue dans l'Asie, & qu'il y avait des peuples qui se servaient de son lever héliaque pour régler le commencement de leur année. Ptolémée marque le lever des Pléiades le soir, sept jours avant l'équinoxe d'automne. II fallait que cette constellation précédât l'équinoxe du printemps d'environ 10 degrés, & l'observation de ce lever n'a pu être faite que vers 3000 ans avant J. C.

X

Les Chinois ont conservé la mémoire d'une éclipse de soleil arrivée sous l'empereur Tchoug Kang, dans le temps de l'équinoxe d'automne, l'an 2155 avant J.C. Le Père Gaubil, savant Missionnaire à la Chine, a composé une dissertation pour en prouver la réalité. Ils rapportent encore dans leurs annales que, vers 1500 ans avant J.C. on vit à la Chine cinq planètes réunies dans une même constellation, & le même jour qu'on observa la nouvelle Lune. On a douté si cette conjonction était réellement arrivée. Dominique Cassini l'a crue fausse, mais on a reconnu que Dominique Cassini s'était trompé. Les calculs de M. Kirch, célèbre astronome de Berlin, ont mis la chose hors de doute, & ont placé cette conjonction l'an 2449.

On trouve que, sous le règne d'Hoang Ti, c'est-à dire l'an 2697 avant notre ère, un ministre de ce prince, nommé Yu Chi, découvrit l'étoile polaire, & composa une certaine machine, en forme de sphère, qui représentait les orbes célestes. On trouve encore que Fo Hi, qui est le premier empereur, & dont le règne commence une tradition certaine & non interrompue, était un prince consommé dans l'Astronomie. L'histoire dit qu'il donna la figure des corps célestes, qu'il eut la connaissance de leur mouvement & qu'il en dressa des tables. Fo Hi vivait, selon cette histoire, 2951 ans avant J. C. Nous ne croyons point que ces faits puissent être faux. Le peuple chinois a toujours été très jaloux de ses annales, les événements de l'histoire sont liés à un cycle de 60 ans, donc l'époque remonte au temps d'Hoang Ti c'est-à-dire assez près du règne de Fo Hi. La certitude de cette chronologie est avérée dans un grand nombre de points, par l'Astronomie qui a reconnu vraies & exactes les observations qui y sont rapportées ; & les faits vérifiés déposent pour ceux qui n'ont pu l'être. Nous croyons bien, que ces tables astronomiques étaient plus qu'imparfaites, que la représentation de la sphère était très grossière ; mais cela prouve au moins que, 3000 ans avant notre ère, les Chinois avaient quelqu'idée des mouvements célestes, que la sphère était inventée chez eux, & que par conséquent l'Astronomie y était déjà cultivée.

Les Tartares confirment l'antiquité du temps de Fo Hi, ou du moins remontent jusqu'à cette époque. Ils comptent par des cycles de 60, de 180 & de 10 000 ans, dont le nombre embrasse une suite prodigieuse d'années. Ce nombre, réduit par nos suppositions ordinaires, ne remonte qu'à l'an 1914 avant J.C. à 28 ans près de l'époque de Fo Hi. II est naturel que, voisins des Chinois, ils aient à-peu-près la même époque, mais ils n'avaient point des cycles de 60 ans, sans avoir quelqu'Astronomie.

X I

Il y a donc pour ainsi dire une espèce de niveau entre ces peuples,
Égyptiens Chaldéens ou Perses, Indiens, Chinois , Scythes ou Tartares,
ils ne s'élèvent pas plus les uns que les autres dans l'antiquité, & cette
époque remarquable de 3000 ans est à peu-près la même pour tous. Elle
est la date des connaissances qui sont parvenues jusqu'à nous. Mais il
faut bien observer que c'est l'époque de la renaissance de l'Astronomie,
& non pas de son origine. »

II Ptolémée d'Alexandrie

« Pendant très-longtemps, on ne considéra que les mouvements apparents des astres ; cet intervalle dont l'origine se perd dans la plus haute antiquité, et qui fut proprement l'enfance de l'astronomie, comprend les travaux d'Hipparque et de Ptolémée. Le Système de Ptolémée n'est au fond qu'une manière de représenter les apparences célestes ; et sous ce rapport, il fut utile à la science : telle est la faiblesse de l'esprit humain, qu'il a souvent besoin de s'aider d'hypothèses pour lier les faits entr'eux. » (*Laplace, préface du tome III de la Mécanique céleste et préface de la traduction de l'Almageste par Halma*).

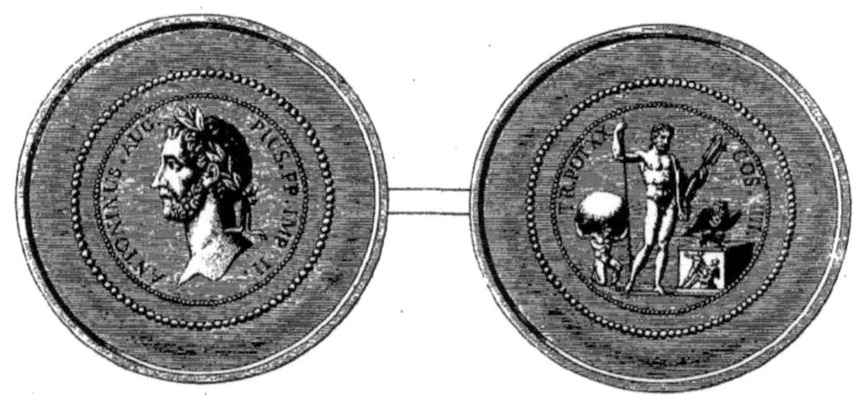

Sous le règne de ce sage Empereur, l'astronomie prit une nouvelle face, Ptolémée en rassembla les principes et les démonstrations dans un ouvrage excellent auquel il donna le titre de Composition Mathématique.

D. Cassini, disc. sur l'orig. et les prog. de l'Astr.

Synthèse mathématique (ou Almageste)
de Claude Ptolémée

en treize livres. Traduction du grec par l'abbé Halma 1813 -1816
du manuscrit de la bibliothèque impériale de Paris.

[Extraits, en nous limitant aux principes de base]

Avant-propos
…

Aristote divise très bien les sciences spéculatives en trois principaux genres : celui de la physique, celui des mathématiques, et celui des choses divines.

… Les mathématiques seules donnent à ceux qui s'y appliquent, une connaissance solide et exempte de doute, les démonstrations y procédant par les voies certaines de calcul et de mesure.

Premier livre

Chap 1-3. Avant tout, il faut admettre généralement que le ciel est de forme sphérique, et qu'il se meut à la manière d'une sphère ; que la terre, par sa figure, prise dans la totalité de ses parties, est sensiblement un sphéroïde. Qu'elle est au milieu de tout le ciel, comme dans un centre…

Ch 4. La terre occupe le centre du ciel. On reconnaîtra que ce qui parait arriver autour d'elle, ne peut paraître ainsi qu'en la supposant au milieu du ciel, comme au centre d'une sphère…En un mot, si la terre n'occupait pas le centre du monde, l'ordre que nous voyons s'observer dans les accroissements des jours et des nuits, serait troublé et confus...

Ch 5. La terre est comme un point à l'égard des espaces célestes...

Ch 6. La terre ne fait aucun mouvement de translation. On démontrera que la terre ne peut être transportée ni obliquement, ni sortir absolument de son centre. Car, si cela était, on verrait arriver tout ce qui aurait lieu, si la terre occupait un autre point que celui du milieu… Il y a des gens qui prétendent que rien n'empêche de supposer, par exemple, que le ciel étant immobile, la terre tourne autour de son axe, d'occident en orient, en faisant cette révolution une fois en un jour à très peu près… mais ces gens là ne sentent pas combien, sous le rapport de ce qui se passe autour de nous et dans l'air, leur opinion est ridicule… Les corps qui ne seraient pas appuyés sur elle [la terre], paraîtraient donc avoir un mouvement opposé au sien ; et, ni les nuées, ni aucun des corps lancés ou des animaux qui volent, ne paraîtraient aller vers l'orient, car la terre les précéderait toujours dans cette direction.

Ch 7. Il y a dans le ciel deux premiers mouvements différents.
Ces hypothèses qu'il nous suffira d'avoir exposées sommairement, étaient un préliminaire indispensable pour les détails où nous allons entrer, et nous serviront pour les conséquences que nous en tirerons. Elles seront d'ailleurs confirmées par leur accord avec les phénomènes qui seront démontrés dans la suite. Il faut pourtant encore poser en principe que le ciel a deux mouvements différents, l'un par lequel tout est emporté d'orient en occident dans des cercles parallèles entr'eux décrits semblablement et avec une vitesse égale autour des pôles de la sphère qui fait cette révolution uniformément. Le plus grand de ces cercles est celui qu'on appelle cercle équinoxial (équateur), parce qu'il est le seul qui soit coupé en deux moitiés par l'horizon qui est un autre grand cercle de la sphère, et parce qu'il rend sensiblement pour toute la terre le jour égal à la nuit quand le soleil le parcourt. L'autre mouvement est celui en vertu duquel les sphères des astres font de certaines révolutions en un sens contraire à la direction du premier mouvement, autour d'autres pôles que ceux de cette première révolution. Nous supposons que cela s'exécute ainsi, parce que d'abord nous voyons chaque jour, tout ce qui est au ciel, sans exception, se lever, parvenir au méridien et se coucher en suivant des routes sensiblement conformes et parallèles au cercle équinoxial en quoi consiste proprement le premier mouvement. On découvrit ensuite, en observant plus assidûment que, si les distances

réciproques des étoiles et leurs autres circonstances, telles que l'identité de leurs lieux dans le premier orbe, ne varient jamais, il n'en est pas de même du soleil, de la lune et des planètes. Car nous voyons ces astres-ci faire des mouvements divers et inégaux entr' eux, mais tous contraires au mouvement du monde, et tous vers l'orient et vers celles d'entre les étoiles fixes qui arrivent plus tard au méridien, en gardant toujours leurs mêmes distances réciproques, et tournant comme entraînées par la même sphère.

Si ce mouvement contraire des planètes se faisait dans des cercles parallèles à l'équateur, c'est-à-dire autour des pôles du premier mouvement, il suffirait d'imaginer pour toutes un seul mouvement qui serait une conséquence du premier. Il paraîtrait vraisemblable que la différence entre les révolutions des planètes et celle des étoiles vint d'un simple retard, d'un moindre degré de vitesse, et non pas d'un mouvement réellement contraire. Mais en même-temps qu'elles s'avancent vers l'orient, les planètes s'approche elle aussi de l'un ou de l'autre pôle, d'une quantité qui n'est pas la même en tout temps ni pour toutes, en sorte que ces variations paraîtraient être causées par autant d'impulsions particulières. Au reste, si cette marche paraît inégale quand on la rapporte à l'équateur et à ses pôles, elle devient uniforme et régulière quand on la rapporte au cercle oblique qui, par là, paraît être proprement le cercle commun des planètes. Dans la réalité pourtant, il n'est le cercle que du soleil qui le décrit par son mouvement annuel, mais on peut dire qu'il est aussi celui de la lune et des autres planètes qui ne s'en écartent jamais ni au hasard ni sans règle, mais circulent dans des plans dont les inclinaisons sur le cercle oblique déterminent pour chacune d'une manière uniforme les écarts ou déclinaisons de part et d'autre (de l'équateur). Or ce cercle oblique étant un grand cercle de la sphère, comme cela se voit par les déclinaisons égales du soleil, alternativement plus boréal et plus austral que l'équateur et les planètes faisant leurs révolutions le long de ce seul et même cercle, comme nous l'avons dit, il fallait nécessairement admettre ce second mouvement différent du mouvement général du monde, en ce qu'il se fait autour des pôles de ce cercle oblique, et en sens contraire à ce premier mouvement.

Ch 8,9. Des notions particulières.

Nous accompagneront nos démonstrations de figures qui les rendront plus palpables… Nous emploierons en général la numérotation sexagésimale[116] pour éviter l'embarras des fractions, et dans les multiplications et les divisions, nous prendrons toujours les résultats les plus approchés, de manière que ce que nous négligerons ne les empêchera d'être sensiblement justes.

…..

Livre 7. Ch II-III

… Nous pouvons conclure des observations précédentes et d'autres semblables, que les étoiles appelées simplement fixes, conservent entr'elles invariablement la même position, et qu'elles sont toutes entraînées par un mouvement commun ; mais en outre, que leur sphère a encore un mouvement propre, qui se fait dans un sens contraire à celui qui fait tourner l'univers, c'est-à-dire que ce mouvement se fait vers les points plus avancés suivant l'ordre des signes (en longitude), que le grand cercle qui passe par les pôles de l'équateur et du cercle mitoyen du zodiaque. On s'en aperçoit sur tout par le changement de position des mêmes étoiles ; elle n'est plus la même aujourd'hui qu'elle était anciennement, relativement aux points tropiques et équinoxiaux, attendu que dans ces derniers temps, leur distance relativement à ces points se trouve plus grande suivant l'ordre des signes, en allant de ces mêmes points vers l'orient.

La révolution de la sphère des étoiles fixes se fait autour des pôles du cercle moyen du zodiaque, suivant l'ordre et la suite des constellations zodiacales.

---

116. à Base 60, minutes et secondes.

Système de Ptolémée, par Johannes Regiomontanus (1436-1476)

175

III   De Revolutionibus orbium coelestium

Nicolas Copernic

Sommaire

Traduit par A. Koyré 1934

[le sommaire seul, pour donner une idée de l'ampleur des travaux de Copernic]

LIVRE PREMIER

1. Que le monde est sphérique.

2. Que la terre est aussi sphérique.

3. Comment la terre réalise avec l'eau un globe unique.

4. Que le mouvement des corps célestes est uniforme et circulaire, constant, ou mieux, composé de mouvements circulaires.

5. Le mouvement circulaire convient-il à la terre ?

6. De l'immensité du ciel par rapport aux dimensions de la terre.

7. Pourquoi les anciens ont-ils pensé que la terre est immobile au milieu du monde, comme un centre ?

8. Réfutation des raisons susdites et leur insuffisance.

9. Peut-on attribuer plusieurs mouvements à la terre et du centre du monde.

10. De l'ordre des orbes célestes.

11. Démonstration du triple mouvement de la terre.

12. De la longueur des lignes droites dans un cercle.

13. Des côtés et des angles des triangles plans (rectilignes)

14. Des triangles sphériques.

LIVRE DEUXIÈME

LIVRE QUATRIÈME

6. Preuves de l'exposé relatif aux mouvements uniformes de l'anomalie lunaire, en longitude.

7. Des lieux de l'anomalie lunaire, en longitude.

8. De la deuxième différence de la Lune et comment le premier épicycle s'accorde avec le second.

9. De la dernière différence, par laquelle la Lune paraît se mouvoir irrégulièrement à partir du plus haut point de l'épicycle.

10. Comment le mouvement apparent de la Lune est décrit en mouvements uniformes donnés.

11. Exposé canonique des prosthaphérèses ou des équations lunaires.

12. Du dénombrement du cours de la Lune.

13. Comment on étudie et décrit le mouvement de la Lune, en latitude.

14. Des lieux de l'anomalie de la Lune, en latitude.

15. Construction de l'instrument parallactique.

16. Des phases de la Lune.

17. La distance de la Lune à la terre et son évaluation en rayons terrestres.

18. Du diamètre de l'ombre terrestre de la Lune, à son passage.

19. Comment se démontrent simultanément la distance du Soleil et de la Lune à la terre, leurs diamètres, les ombres au passage de la Lune et l'axe de l'ombre.

20. De la grandeur de ces trois astres : Soleil, Lune et Terre et leur comparaison mutuelle.

21. Du diamètre apparent du Soleil et de ses variations.

22. Du diamètre inégalement apparent de la Lune et de ses variations.

23. Comment s'explique la diversité de l'ombre terrestre.

24. Exposé canonique des variations particulières du Soleil et de la Lune dans le cercle qui passe par les pôles de l'horizon.

25. Du calcul de la parallaxe du Soleil et de la Lune.

26. Comment distingue-t-on les parallaxes de longitude et de latitude

27. Confirmation de l'exposé relatif aux parallaxes de la Lune.

28. Des conjonctions du Soleil et de la Lune et de leurs oppositions moyennes.

29. De l'étude approfondie des conjonctions et oppositions vraies du Soleil et de la Lune.

30. Comment distingue-t-on les conjonctions et oppositions du Soleil et de la Lune, des autres conjonctions et oppositions de l'écliptique.

31. Quelle sera l'étendue d'une éclipse de Soleil et d'une éclipse de Lune.

32. Pour connaître d'avance pendant combien de temps durera une éclipse.

LIVRE CINQUIÈME

1. De leurs révolutions et mouvements moyens.

2. Démonstration de l'uniformité apparente des planètes mêmes, selon l'opinion des Anciens.

3. Démonstration générale de l'inégalité apparente, à cause du mouvement de la terre.

4. Pourquoi les mouvements propres des planètes paraissent-ils inégaux.

5. Démonstrations du mouvement de Saturne.

6. Des trois astres récemment observés, qui paraissent aux environs de Saturne, à l'approche de la nuit.

7. De l'examen du mouvement de Saturne.

8. De la détermination des lieux de Saturne.

9. Des variations de Saturne, qui partent annuellement de l'orbe de la terre et quelle est sa distance à la terre.

10. Démonstrations du mouvement de Jupiter.

11. De trois autres astres, récemment observés, qui paraissent aux environs de Jupiter, à l'approche de la nuit.

12. Preuves du mouvement uniforme de Jupiter.

13. De la détermination des lieux de Jupiter.

14. De l'étude des variations de Jupiter et de son altitude par rapport à l'orbe de révolution de la terre.

15. De la planète Mars.

16. Des trois astres, récemment observés, qui paraissent aux environs de la planète Mars, à la fin de la nuit.

17. Preuves du mouvement de Mars.

18. Détermination des lieux de Mars.

19. La grandeur de l'orbe de Mars et son évaluation en orbes terrestres annuels.

20. De la planète Vénus.

21. Quel est le rapport des diamètres de l'orbe de la terre et de Vénus.

22. Du mouvement géminé de Vénus.

23. De l'examen du mouvement de Vénus.

24. Des lieux de l'anomalie de Vénus.

25. De Mercure.

26. Du lieu des absides supérieur et inférieur de Mercure.

27. Quelle est l'étendue de l'excentricité de Mercure et quelle est la symétrie de ses orbes.

IV   Gravitation universelle

Newton

[pour exemple des mathématiques utilisées par Newton]

Seconde proposition - Théorème 1.

« Tous les corps tournant autour d'un centre [de force] balaient des aires proportionnelles aux temps. Supposons que le temps soit divisé en intervalles égaux, et que dans le premier intervalle de temps le corps, en raison de sa force innée, décrive la ligne AB [Fig. 1]. De même dans le second intervalle de temps, si rien ne l'en empêchait, supposons qu'il continuerait tout droit vers c couvrant une distance Bc égale à la ligne AB, de telle sorte que, les rayons AS, BS, cS étant tracés vers le centre [S], les aires ASB, Bsc seraient rendues égales. Mais en fait lorsque le corps arrive en B, supposons que la force centripète agisse [sur lui] d'un seul coup, forçant le corps à dévier de la ligne Bc et à continuer sur la ligne BC. Soit cC tracée parallèlement à BS rencontrant BC en C, à la fin du second intervalle de temps le corps se trouvera en C. Tirant la droite SC et parce que les droites SB et Ce sont parallèles, le triangle SBC sera égal au triangle Sbc et aussi au triangle SAB. Par un argument semblable, si la force centripète agit successivement en C, D, E, etc., forçant le corps à décrire des lignes séparées CD, DE, EF etc. dans des intervalles de temps séparés, le triangle SCD sera égal à SBC, et SCD lui-même égal à SDE, et SDE lui-même égal à SEF. Par conséquent des aires égales sont décrites en des temps égaux. Supposons maintenant que ces triangles sont infinis en nombre et infiniment petits de telle sorte que la force centripète agisse sans cesse, à des intervalles de temps individuels correspondant des triangles individuels, et la proposition sera établie. »

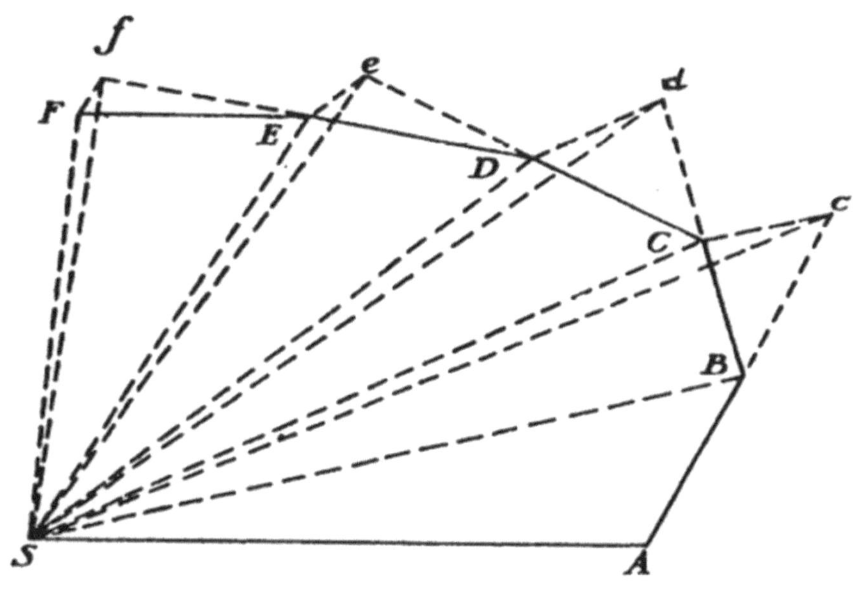

[Notons que Newton traite en fait de la réciproque de la seconde loi de Kepler, et suppose implicitement que si le taux de description de l'aire est uniforme, alors la force doit être dirigée vers le centre en question. Notons aussi qu'ici, et dans les Principia eux-mêmes, il est fait usage de la lettre S pour désigner le centre de force. S n'est pas une lettre qu'un mathématicien utilise normalement pour désigner un point de référence, et cet usage nous révèle qu'à l'époque de la première rédaction de cette proposition Newton avait déjà les lois de Kepler et le soleil à l'esprit. Si nous regardons cette preuve à la fois belle, élégante et simple, que Newton ne juga bon de modifier en aucune façon dans les Principia, nous constatons alors qu'à l'exception de quelques propositions élémentaires d'Euclide et de l'appel à un processus de passage à la limite – qui devait naturellement venir à l'esprit d'un des co-créateurs du calcul différentiel –, il n'y est fait usage que de ceci :

185

1. Le principe d'inertie pour le mouvement uniforme entre A et B, et B et c, lorsqu'aucune force n'agit. 2. Une application très simple de la règle du parallélogramme pour la combinaison de deux mouvements produits par deux forces supposées indépendantes, règle succinctement énoncée dans le de Motu dans l'Hyp. 3 juste avant le Théorème 1, et plus complètement dans le Coroll. 1 aux lois du mouvement dans les Principia. (Herivel John W. L'influence de Descartes sur Newton en dynamique. In: Revue Philosophique de Louvain. Quatrième série, tome 86, n°72, 1988. pp.478-479.)

V Plasma redshift

décalage vers le rouge par le plasma

A. Brynjolfsson

Ari Brynjolfsson a publié tous ses calculs, les lois appliquées et la confrontation des résultats aux mesures. Nous présentons ici quelques extraits des principales étapes.

(Brynjolfsson A. Redshift of photons penetrating a hot plasma ; 7oct. 2005.)

[Extraits]

Diélectrique, section efficace

« Bohr fit des recherches sur le pouvoir d'arrêt (*s*topping power) des particules chargées quand elles pénètrent dans la matière. Les résultats concordaient avec les mesures sauf pour les grandes énergies (en 1930) où les calculs ne concordaient pas avec les mesures et un effet Cherenkov apparaissait. En 1939-40, lisant des article de Fermi, Bohr eut l'idée d'introduire la constante diélectrique dans ses équations et le problème fut résolu. De même, les équations que nous utilisions pour les plasmas en laboratoire ne fonctionnaient que pour l'effet Compton si on ne tenait pas compte de la constante diélectrique[117]. De même encore, dans les plasmas chauds et de de faible densité de l'espace intergalactique, si on ne tient pas compte de la constante diélectrique, on ne fait apparaître que le faible effet Compton.

---

117. C'est ce qui a causé le rejet de la *lumière fatiguée* dans les années 1930 et qui a fait croire que l'expansion de l'univers était la seule explication possible des *redshifts*.

Paquet d'onde élémentaire d'un photon

Même dans le vide, le photon n'est jamais infiniment monochromatique (énergie hv$_0$), mais consiste en une distribution des composantes de fréquences[118] » (de largeur γ).

La constante diélectrique ε est reliée à l'indice n de réfraction de l'onde par ε = (n − iκ)^2 (nombre complexe)

Elle est exprimable en fonction de l'amortissement β :

$$\varepsilon = \left(1 - \frac{\omega_p^2}{\omega^2 + \beta^2\omega^4}\right) - i\frac{\beta\omega\omega_p^2}{\omega^2 + \beta^2\omega^4}$$

La partie imaginaire de ε représente l'absorption d'énergie.

Calculs

Pour obtenir ε, on doit établir l'équation du mouvement de l'électron en tenant compte de toutes les interactions. L'équation du mouvement d'un électron dans un plasma peu dense, que personne n'a contestée est :

$$m\ddot{r} + m\alpha\dot{r} - m\beta_p\dddot{r} + m\omega_q^2 r = e\frac{A}{\varepsilon(\omega)}\exp(i\omega t)$$

(Brynjolfsson2005 page 67)

La nouveauté de Brynjolfsson est de tenir compte de la dissipation d'énergie de l'électron dévié ou accéléré (qui est transformée en

---

118. Le train d'onde a une longueur finie.

émission de radiation[119]), terme - m $\beta_p r'''$ (dérivée troisième). Le reste est un calcul classique de propagation d'un train d'onde dans un plasma.

On obtient la solution r (t), puis on en déduit (2005 page 69) la constante diélectrique complexe ε (t) que l'on injecte dans le vecteur de Poynting pour arriver à la variation d'énergie :

$$\frac{d\hbar\omega_0}{dx} = -\frac{\hbar\omega_0\gamma}{2\pi c} \int_{-\infty}^{\infty} \frac{\omega_p^2\beta\omega^4 \cdot d\omega}{\left[\left(\omega_q^2 + \omega_p^2 - \omega^2\right)^2 + \beta^2\omega^6\right]\left\{\gamma^2/4 + \left(\omega - \omega_0\right)^2\right\}}$$

Cette équation exprime l'évolution du flux énergétique de l'onde le long de l'axe x qui aboutit après une première intégration à l'expression importante :

$$\frac{d\hbar\omega_0}{dx} = -\hbar\omega_0 \cdot 6.65 \cdot 10^{-25} \cdot N_e \left[\frac{\gamma}{2\gamma_0} + \frac{\gamma}{2\gamma_0}\frac{\left(1 - 1/\left(\beta\omega_0\right)^2\right)}{\left(1 + 1/\left(\beta\omega_0\right)^2\right)^2} + \frac{1}{1 + \left(\beta_0\omega_0\right)^2}\right]$$

Entre le premier terme dans les crochets correspondant à la diffusion Raman et le troisième donnant l'effet Compton apparaît un nouveau terme, le *redshift du plasma* dont les effets sont beaucoup plus importants dans l'espace cosmique.

Le passage au *redshift* z = $\Delta\lambda/\lambda$ est obtenu par intégration de dω suivant x de l'équation le long du chemin R de la source à l'observateur, puis sur les pulsations des ondes de l'analyse de Fourier du photon (pour le terme du milieu de l'équation précédente). Brynjolfsson détermine ensuite les valeurs des paramètres numériques (voir Brynjolfsson 2005 pages 67 et suivantes, 4 et suivantes), puis on arrive à l'Équation donnant le *redshift* z en fonction de la distance R, de la densité d'électrons Ne, de la largeur γ du photon, de la pulsation (correspondant au deuxième terme) :

---

119. C'est le mécanisme de l'émission synchrotron.

$$-\int_{\omega_0}^{\omega} \frac{d\omega}{\omega} = \ln\left(\frac{\omega_0}{\omega}\right) = \ln\left(1 + \frac{\Delta\lambda}{\lambda_0}\right) = \ln(1+z) = 3.326 \cdot 10^{-25} \int_0^R F_1(a) \frac{\gamma}{\gamma_0} N_e dx,$$

$$\ln(1+z) = 3.3262 \cdot 10^{-25} \cdot \int_0^R N_e \cdot dx \quad + \quad \frac{(\gamma_i - \gamma_0)}{\xi \cdot \omega} \quad \text{en unités cgs.}$$

ξ est un facteur d'ajustement déterminable expérimentalement (env 0,25).

C'est une relation entre le redshift z et la densité électronique locale.

Cela résume sommairement les bases de la démarche de Brynlofsson pour obtenir le *redshift* causé par l'interaction des photons avec les électrons. La comparaison avec les mesures et deux conséquences importantes sont traités dans les parties *redshift* intergalactique et l'expansion de l'univers, les raies solaires de Fraunhofer et la masse du photon de son article.

Photon et raies solaires

de A. Brynjolfsson

-

(Les pages indiquées sont celles de l'original en anglais Ari Brynjolfsson 2005. Il calcule le décalage des raies par le plasma redshift.)

Rappel : Redshift of photons penetrating a hot plasma   Équation 20, page 10 :

$$\ln\left(1+z\right) = 3.326 \cdot 10^{-25} \int_{0}^{R} N_e dx \; + \; \frac{\gamma_i - \gamma_0}{\xi\omega} = 3.326 \cdot 10^{-25} \int_{0}^{R} N_e dx \; + \; \frac{\delta\lambda_i - \delta\lambda_0}{\xi\lambda}.$$

5.6.1. Plasma redshift des raies solaires de Fraunhofer   page 25

[Il examine les données expérimentales à la surface du soleil pour déterminer les valeurs des paramètres dans son équation]

« Le décalage vers le rouge des raies solaires est faible, et le deuxième terme à droite de l'équation 20 est généralement important. La plupart des largeurs spectrales des photons sont agrandies sous l'effet des collisions avec : 1) les atomes neutres, 2) le champ de Fourier des particules chargées (effet Stark), et 3) le champ de photons, qui résultent d'absorptions et émissions stimulées. Les largeurs spectrales de photons peuvent également être agrandies par voie magnétique.

L'effet Doppler provoqué par les mouvements dans les éléments de formation de raies affecte la largeur de la raie, mais pas la largeur du photon. Les décalages Doppler peuvent être très importants dans la région des spicules.[120]; mais dans la couche réversible et dans la photosphère, les décalages rouges Doppler sont presque égaux aux décalages bleus Doppler. Les décalages Doppler moyens des lignes photosphériques sont généralement plus faibles que ceux souvent supposés expliquant la grande déviation des décalages observés par rapport aux décalages rouges gravitationnels attendus.

Les augmentation des largeurs spectrales des photons varient avec la température et la densité et donc avec la profondeur de la formation de lignes dans la photosphère et les couches d'inversion. Habituellement, la largeur d'un photon varie le long du disque solaire. Il est souvent beaucoup plus petit près du bord solaire (ou limbe) en raison de la densité. Cela réduit ensuite l'effet de bord, comme dans le cas des raies de résonance de sodium et de potassium. Il est compliqué d'estimer les effets d'élargissement, car les théories relatives aux différents élargissements sont souvent inadéquates. Il est donc parfois nécessaire de s'appuyer sur des valeurs déterminées expérimentalement pour le soleil. Pour les variations relatives des élargissements par collision des niveaux inférieur et supérieur de chaque transition, il est souvent utile d'utiliser les fonctions d'excitation de collision comme guide approximatif :

$$Y_L = NT^{1/2}\exp(-E_L / kT) \text{ et } Y_U = NT^{1/2}\exp(-E_U / kT)$$

où E_L et E_U sont les énergies des niveaux inférieur et supérieur et où N densité des particules neutres et chargées et T leurs températures d'après le modèle C de l'atmosphère solaire développé par Vernazza et al. [6].

Les variations des fonctions en hauteur sont illustrées à la Fig.3. Outre les fonctions d'excitation E_L et E_U, l'élargissement dépend de la configuration électronique, du moment cinétique pour chaque niveau et les probabilités de transition pour chaque transition.

Ces fonctions d'excitation montrent qu'au fond de la photosphère, l'élargissement de chaque ligne se plisse abruptement avec la hauteur. L'analyse des mesures du décalage vers le rouge montre que lorsque $E_L \geq 3,5$ eV (et le niveau supérieur à environ 5,8 eV), l'élargissement des

---

120. Longs jets tubulaires de gaz s'élevant rapidement puis s'éteignant à mesure que le gaz atteint sa plus haute altitude et retombe sur le Soleil.

collisions est généralement faible et la la largeur des photons est alors proche de la largeur dans la mécanique quantique naturelle, sauf profondément dans la photosphère où les températures et les pressions sont élevées. Lorsque $E_L \leq 3$ eV, l'élargissement de la collision est souvent significatif même au-dessus de la température minimale dans l'atmosphère solaire.

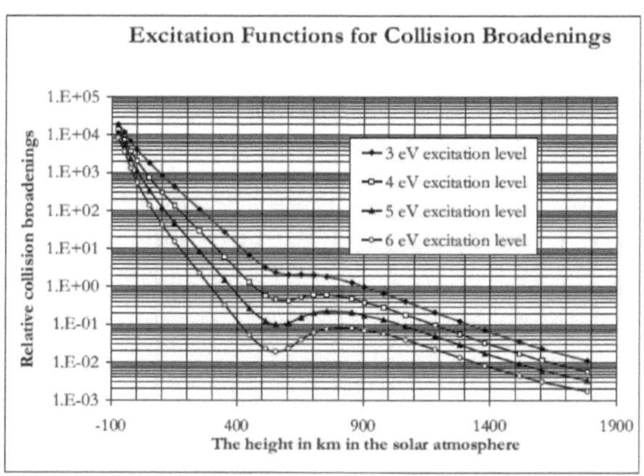

Figure 3 : l'abscisse indique la hauteur en km au-dessus de la densité optique $\tau_{500} = 1$ dans la photosphère solaire. L'ordonnée donne en unités arbitraires la fonction d'excitation $Y = NT^{1/2} \exp(-E / kT)$ pour l'élargissement de collision. Les valeurs de la densité en nombre N d'hydrogène et de la température T proviennent du modèle C de Vernazza et al. [6]. La valeur du potentiel d'excitation E du niveau d'énergie dans l'atome est égale à 3, 4, 5 et 6 eV pour les quatre courbes, respectivement. Les courbes indiquent comment l'élargissement de collision varie avec la hauteur de la formation. L'élargissement de collision varie également avec le taux de transition et le changement de moment angulaire pour chaque transition.

Des raies faibles se forment à de grandes profondeurs. Lorsque leurs largeurs sont agrandies par collision, les photons ont des largeurs maximales au centre du disque solaire. Cet élargissement des raies faibles provoque une augmentation de *redshift* au centre. Parce que les raies sont faibles et formées relativement profondément dans la photosphère, l'élargissement diminue fortement avec l'altitude, comme l'indique la *figure 3*. On observe donc une diminution dans le décalage vers le rouge lorsque la ligne de visée s'éloigne du centre du disque solaire. Pour ces raies, les observations montrent que le décalage vers le rouge atteint souvent un minimum à des distances comprises entre environ 0,4 et environ 0,7 rayon solaire à partir du centre du disque solaire. Au delà de cette distance, le décalage vers le rouge de ces raies faibles augmente vers le limbe en raison de la longueur accrue du trajet dans la couronne conformément au premier terme, le terme intégral, de l'Eq. (20).

Des raies légèrement plus fortes se forment plus haut dans la photosphère. Ces raies ont souvent de faibles potentiels d'excitation et sont donc plus facilement élargies par collision. Quand elles sont formées autour de la température minimale dans l'atmosphère solaire, l'élargissement de la collision varie moins avec l'altitude. Ces raies montrent alors un *redshift* plasmatique, qui augmente vers le limbe conformément au premier terme de l'Eq. (20), semblable à celui indiqué pour les lignes du *tableau 3*. Lorsqu'on est au centre, la raie est formée à la température minimale et au limbe juste au-dessus de la température minimale, le second terme renforcera l'effet de limbe.

Pour le cas des raies plus fortes, qui sont formées proche du centre ou légèrement au dessus de la température minimale, l'augmentation de la température peut dominer la diminution de la densité. Quand la ligne de visée s'éloigne du centre, les effets d'élargissement peuvent alors d'abord augmenter lentement et atteindre un faible maximum avant de diminuer à nouveau en raison de la densité réduite. Le décalage vers le rouge des raies élargies par collision formées à cette hauteur varie donc moins avec la distance par rapport au limbe, l'augmentation du *redshift* causé par le premier terme de l'équation (20) est parfois compensé par la diminution de la largeur et le décalage vers le rouge causé par le second terme. Les raies peuvent alors avoir une relativement petite variation (limbe centrée). Les raies à faible effet de centre-limbe sont également caractérisées par le fait qu'elles ont une faible force au limbe par rapport à la force de la raie au centre du disque solaire, telle que les raies de résonance du sodium et du potassium.

Pour estimer le décalage vers le rouge, nous avons utilisé les densités électroniques coronales indiquées dans le tableau 2. Pour le prolongement de 3 à 5 rayons solaires, nous avons utilisé une bosse légèrement plus petite, car la hauteur moyenne de cette bosse est légèrement plus petite que celle indiquée dans le tableau 2 [voir l'original]. Le décalage vers le rouge donné par l'équation (20) est intégré à partir de la région cut-off dans le soleil pour l'observateur sur la Terre. L'intégrale est plutôt insensible à la variations de densité d'électrons au-delà d'environ 3 rayons solaires en raison des faibles densités d'électrons. Au cas de fortes densités d'électrons dans la zone de transition et la couronne basse, la région cut-off monte ; et pour les faibles densités d'électrons, elle descend. Les intégrales de plasma *redshift* juste au-dessus de la région de coupure varient donc moins que si la zone de coupure ne s'élevait pas avec une augmentation de la concentration plasmatique. Cette région est la plus dense et contribue le plus à l'intégrale dans l'équation (20). Le *plasma redshift* total, qui utilise les densités moyennes, par rapport à la valeur cut-off, est donc une relativement bonne estimation. Comme mentionné dans le dernier paragraphe de la section 5.2, les températures et donc les densités se comparent bien aux températures moyennes mesurées par Wheatland, Sturrock et Acton [22, 23].

Les mesures du décalage vers le rouge sont généralement effectuées lorsque l'atmosphère solaire est calme, et les valeurs moyennes sont généralement obtenues en intégrant sur de longues périodes. Les densités électroniques indiquées dans le *tableau 2* sont proches des valeurs moyennes pour une couronne au repos, car la température correspond aux estimations moyennes de Sturrock et al. [22] et Wheatland et al. [23]. Pour comparaison, voir les estimations de Newkirk [21], McWhirter et al. [13] et Withbroe [14, 15].

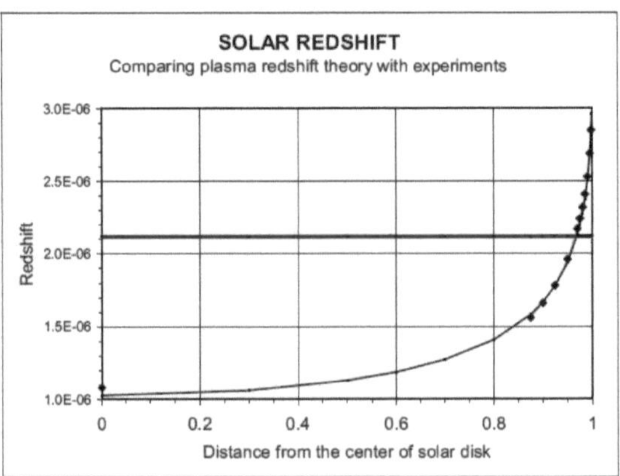

Figure 4. Les losanges indiquent le décalage vers le rouge moyen mesuré par Adam [33] et Higgs [34] (voir le tableau 3), tandis que la courbe montre le décalage vers le rouge prédit par la théorie du *plasma redshift* lors de l'utilisation des densités d'électrons énumérées dans le tableau 2 et illustrées à la Fig. 2. La ligne horizontale à $2{,}12 \cdot 10^{-6}$ montre le redshift prédit par la gravitation classique d'Einstein.

Les mesures du *redshift* solaire par Adam [33] et Higgs [34] des raies de Fe-I 629,78 ; 630,15 et 630,25 nm sont énumérées dans le *tableau 3*. Les potentiels d'ionisation des niveaux supérieurs sont : 4,191 ; 5,620 et 5,653 eV, et des niveaux inférieurs : 2,223 ; 3,654 et 3,686 eV, respectivement, pour les trois raies. Au centre, la formation de ces lignes est inférieure à la température minimale ; mais près du limbe, la formation est supérieure à la température minimale. Les fonctions d'excitation mentionnées ci-dessus indiquent l'élargissement par collision de la moyenne des trois raies ne varie pas beaucoup avec la hauteur pour ces raies. Les estimations du *plasma resdshift* dans la dernière colonne sont obtenues en utilisant l'intégrale dans l'équation (20). Cela revient à supposer que les largeurs moyennes (spectrales) de photons de ces trois raies sont à peu près égales à la largeur classique des photons, et que l'élargissement de collision ne varie pas beaucoup à travers le disque solaire.

Table 3   Solar redshift experiments by Adams and Higgs and plasma redshift theory.

Distance r/R_0 from center of solar disk in units of solar radius R_0	Measurements by Higgs of $(\Delta\lambda/\lambda) \cdot 10^6$	Measurements by Adam of $(\Delta\lambda/\lambda) \cdot 10^6$	Averages of $(\Delta\lambda/\lambda) \cdot 10^6$	Estimates[1] of Plasma redshift $(\Delta\lambda/\lambda) \cdot 10^6$
0.999				3.12
0.998	3.03	2.67	2.85	(3.03)
0.995	2.83	2.56	2.69	(2.86)
0.990	2.62	2.44	2.53	(2.66)
0.985	2.47	2.35	2.41	(2.53)
0.980	2.36	2.35	2.35	(2.43)
0.975	2.27	2.21	2.24	(2.36)
0.974				2.35
0.970	2.19	2.15	2.17	(2.27)
0.950	1.96	1.96	1.96	(2.08)
0.949				2.04
0.925	1.80	1.77	1.78	(1.84)
0.900	1.70	1.61	1.66	1.72
0.875	1.64	1.48	1.56	(1.60)
0.800				1.40
0.700				1.24
0.600				1.14
0.500				1.08
0.000	1.08	1.08	1.08	1.00

[1] The values in the parentheses are obtained by interpolation.

Dans ces expériences, les auteurs ont déployé des efforts extrêmes pour obtenir un *redshift* moyen précis pour chaque raie à chaque position jusqu'à la limite extrême du limbe solaire. La forte variation près du limbe nécessite que l'angle d'ouverture soit petit et le temps d'intégration long. Comme il peut être vu du *tableau 3*, les résultats d'Adam et de Higgs diffèrent légèrement. Ces différences sont compréhensibles quand on pense à la variation des densités d'électrons avec les flares et le cycle des taches solaires. Comme le tableau 3 et la figure 4 l'indiquent, l'accord entre la théorie du *plasma redshift* et les expériences est très bon. Le décalage vers le rouge varie d'un centre à l'autre avec l'intégrale de la densité électronique.

Les variations de centre à limbe peuvent changer légèrement d'un moment à un autre. La taille et la fréquence des trous coronaux varient avec le cycle des taches solaires. Les trous coronaux sont plus fréquemment sur la région polaire que sur la région équatoriale. Dans les trous coronaux, les densités d'électrons sont généralement faibles. L'effet limbe dans la direction nord-sud sera donc parfois plus faible que celui le long de l'équateur. Ceci est cohérent avec la mesure de la variation centre-à-limbe de la raie Fe 557,6 nm de Brandt et Schröter [35], qui ont trouvé une différence significative entre les décalages vers le centre du limbe dans les directions sud-nord et est-ouest. Leurs mesures ont été effectuées en avril 1978 et quelques-unes en Septembre 1979. En mars, le pôle sud du Soleil est incliné de 7 degrés environ du côté de la Terre et en septembre de l'autre côté. Au moment des observations, il y avait des taches solaires à haute latitude mais très peu à basse latitude. Brandt et Schröter ont examiné l'explication conventionnelle d'éventuels décalages Doppler : les écoulements méridionaux vers l'équateur pourraient éventuellement entraîner la diminution de *redshift* près de la région polaire. Ils ont cependant rejeté cette explication, car ils ont constaté que les courants hypothétiques nécessaires d'environ 250 m s^{-1} étaient trop importants et contredisaient d'autres observations.

Habituellement, le décalage vers le rouge augmente fortement près du limbe. Il est alors important que l'entrée des fentes ait une faible largeur, de préférence moins d'environ 1 arcsec. Dans la région des limbes, la ligne de visée pénètre dans la région des spicules, qui est très turbulente. Il faut alors utiliser une longue exposition de temps pour d'obtenir de bonnes moyennes. Certains chercheurs n'ont pas suffisamment pris en compte cet effet et trouvent ensuite un effet de limbe plus petit. Certaines des extrapolations classiques des décalages vers le rouge à partir de points éloignés loin du limbe jusqu'aux points proches du limbe ne sont pas valides, car le *redshift* augmente souvent plus abruptement vers le limbe que supposé. Souvent, les extrapolations ont cherché à aborder le redshift gravitationnel d'Einstein au limbe.

Dans les régions magnétiquement actives, on trouve généralement que les décalages vers le rouge sont supérieurs à ceux du *redshift* loin d'elles, voir Cavallini et al. [36]. Ces redshifts plus importants sont souvent interprétés comme dus à réduction des décalages Doppler vers le haut. Les champs magnétiques sont supposés réduire les mouvements ascendants des courants photosphériques. D'autres chercheurs expliquent cette augmentation du redshift par la baisse générale dans les régions actives.

Selon l'Eq. (28), nous nous attendons à ce que la région cut-off pour le *plasma redshift* atteigne plus profondément la zone de transition sur

une région magnétiquement active. Les champs magnétiques sur la région active vont, par conséquent, augmenter souvent le décalage vers le rouge. En même temps, le champ magnétique peut réduire les mouvements dans les couches photosphériques. Cependant, on devrait s'attendre à ce que les décalages bleus Doppler équilibrent presque le redshift Doppler. Une baisse générale est également une possibilité, mais des preuves indépendantes manquent pour cela. Le champ magnétique peut réduire la température et décaler la température minimale de l'atmosphère, ce qui à son tour affectera la distribution lors des élargissements de collision. Le décalage de la température minimale dans les couches plus profondes accentuera l'augmentation du nombre de collisions avec la profondeur, ce qui est cohérent avec le changement d'inclinaison de la bissectrice observé par Cavallini et al. [36]. Les segments de bissectrices proches du continuum sont les plus décalés vers le rouge, tandis que les segments de bissectrices qui se rapprochent au bas de la raie sont moins décalés vers le rouge et parfois décalés vers le bleu par rapport aux régions situées à l'extérieur des régions actives (probablement en raison d'une température minimale plus basse dans la région active). Selon à la théorie du *plasma redshift*, cet effet et l'abaissement de la zone de cut-off par le champ magnétique sont les causes probables du redshift accru dans les régions actives. »
(Pour les références, voir l'original en anglais)

Photons non gravitationnels : un effet quantique

A. Brynjolfsson. Weightlessness of photons: A quantum effect

(2006 pp 1-5 et 15-16)

« **Résumé**

Contrairement à une idée reçue, les raies de Fraunhofer se sont avérées être décalées vers le rouge par le plasma et non gravitationnellement, lorsqu'elles sont observées sur Terre. Les effets de la mécanique quantique provoquent le *redshift gravitationnel* des photons qui doit être inversé à mesure que les photons se déplacent du Soleil à la Terre. Les conceptions des expériences, dont on pensait qu'elles avaient prouvé le décalage gravitationnel vers le rouge de photons, sont toutes dans le domaine de la physique classique, et rendent impossible la détection du renversement des *redshifts gravitationnels*. Les expériences de *redshift* solaire, cependant, sont dans le domaine de la mécanique quantique ; et le renversement du décalage vers le rouge est facilement détecté, lorsque le décalage par le plasma est pris en compte. Les photons se révèlent être sans masse gravitationnelle par rapport à un observateur local, mais repoussés vus par rapport à un observateur distant. L'absence de masse pesante des photons dans le champ gravitationnel relatif à un observateur local est incompatible avec le principe d'équivalence d'Einstein. Cet ensemble avec le *plasma redshift* a de profondes conséquences pour les perspectives cosmologiques. Cet article donne une explication théorique des phénomènes observés, une interprétation correcte de nombreuses expériences de *redshifts gravitationnels*, et une compréhension de la façon dont nous avons manqué d'observer l'inversion du décalage gravitationnel vers le rouge des photons. La présente analyse indique que, bien que les photons sont sans poids dans un système de référence local, les preuves expérimentales indiquent que les champs électromagnétiques quasi-statiques ne sont pas sans poids, mais adhèrent au principe d'équivalence.

1 Introduction

La différence entre le décalage gravitationnel vers le rouge attendu du Soleil et celui qui est observé est souvent supposée être causée par des décalages Doppler dans les formations des raies. Un système élaboré de courants, qui a été supposé pour expliquer la divergence, a conduit à des contradictions avec les observations. Le *plasma redshift* des photons récemment découvert explique le décalage vers le rouge observé des raies solaires de Fraunhofer [1] (voir les sections 5.6.1 à 5.6.3 de cette source). Les raies solaires de Fraunhofer ne sont pas redshiftées par la gravitation du soleil lorsqu'elles sont observées sur la Terre, mais par le plasma lorsque la lumière pénètre dans la couronne chaude du soleil. Les photons sont gravités vers le rouge lorsqu'ils sont émis dans la photosphère, mais pendant leur voyage du soleil à la terre le *redshift* gravitationnel est inversé. Dans ce qui suit, nous donnons une explication théorique de ces résultats expérimentaux. Le renversement du *redshift* gravitationnel est un effet de mécanique quantique ; et l'explication conduit à une modification de la théorie classique de la relativité générale (GTR[121]). Nous appelons cette modification la *GTR* modifiée par la mécanique quantique, ou simplement la *GTR modifiée*. Les expériences supposées confirmer le *redshift* gravitationnel, comme les expériences de Pound et Rebka Jr. [2, 3] et de Pound and Snider [4, 5], Vessot et al. [6] et Krisher et al. [7] relèvent toutes de la physique classique ou de la GTR classique, alors que les expériences de *redshift* solaire sont dans le domaine du GTR modifié par la mécanique quantique lorsque les raies sont observées sur Terre.

Quand Einstein développa la *Théorie de la Relativité Générale* classique à partir de la théorie de la relativité spéciale[122], il en déduisit qu'un photon émis par un atome dans le Soleil serait redshifté par

---

121. General theory of relativity.
122. Relativité spéciale (anglais, allemand) ou restreinte (français).

gravitation [8]. En plus, il avait supposé que lorsque les photons du Soleil gravités vers le rouge se déplacent du Soleil vers la Terre, la fréquence des photons ne changerait pas. Dans ses arguments, Einstein a considéré que la lumière est constituée d'ondes électromagnétiques classiques ; c'est-à-dire que le paquet d'ondes pour les photons joignait le soleil à la terre et au-delà. Par conséquent, quand on compare la fréquence d'un photon émis par un atome dans le soleil à la fréquence d'un photon émis par un atome correspondant sur Terre, nous devrions trouver les photons solaires redshiftés par la gravitation.

Le principe d'équivalence est basé sur de nombreuses expériences, y compris celles de von Eötvös [9], et plus tard par Zeeman [10], Dicke [11], Adelberger et al. [12] et Su et al. [13] qui ont tous échoué à détecter toute différence entre la masse inertielle et gravitationnelle. Ces expériences indiquent que le masse d'inertie m_i est égale à m_g la masse gravitationnelle. Dans la théorie de la *relativité restreinte*, Einstein [14, 15] a montré que l'énergie totale, y compris l'énergie cinétique, d'une particule peut être assimilée à sa masse d'inertie par $E = m_i c^2$. Plus généralement, il peut être prouvé qu'une masse inertielle m_i peut être associé à une énergie telle que $E = m_i c^2$ (voir par exemple Moller [16] et en particulier sections 3.5 à 3.7 de cette source). Sur la base de ces résultats, Einstein a généralisé et supposé que le champ gravitationnel attire toutes les formes d'énergie, E, y compris l'énergie des photons, comme si $E = h\nu$ étaient une particule matérielle avec $m_g = m_i = h\nu / c^2$. Cette hypothèse, le principe d'équivalence, énonce que pour toute forme d'énergie, la masse gravitationnelle m_g est égale à la masse inertielle m_i.

En physique classique, Einstein part du principe que la fréquence des photons est une constante de mouvement, le photon se déplaçant du Soleil à la Terre, cela semble raisonnable ; et son hypothèse que la masse d'inertie est équivalente à la masse gravitationnelle, le principe d'équivalence, semble également raisonnable. Ses déductions logiques sont bien sûr correctes. Par conséquent, on a généralement supposé que la théorie du décalage gravitationnel vers le rouge est correcte. Mais comme Einstein l'a expliqué, juste parce que les hypothèses paraissent raisonnable ne signifie pas qu'elles sont correctes (Aristote a jugé raisonnable que plus un corps est lourd, plus vite il tombe). La théorie doit être testée par des expériences appropriées. 'Seule la nature peut décider pour nous si les hypothèses sont correctes' (Galilée).

Pour une particule atomique, on définit H = E + V, où H est l'énergie totale ou Hamiltonien, E l'énergie cinétique et V l'énergie potentielle. Lorsque nous soulevons la particule atomique très lentement du champ gravitationnel solaire, son énergie cinétique E reste insignifiante, tandis que l'Hamiltonien H augmente avec l'énergie potentielle gravitationnelle V. Les *redshifts* gravitationnels de tous les niveaux d'énergie de l'atome dans le Soleil sont ensuite inversés (vers le bleu) lorsque nous déplaçons l'atome vers la Terre. En arrivant sur la Terre, l'atome devient identique aux atomes correspondants sur la Terre. Les décalages vers le bleu de tous les niveaux d'énergie au cours du trajet vers la Terre inversent exactement les décalages vers le rouge gravitationnels de l'atome. L'énergie, que nous avons transférée à l'atome lorsque nous le soulevons du Soleil à la Terre, correspond à la différence de potentiel. L'énergie que nous transférons à l'atome lorsqu'on le soulève du soleil provoque les décalages vers le bleu de tous les niveaux d'énergie nucléaire et atomique.

Einstein a considéré que les photons se comportent différemment. Nous ne pouvons pas amener le photon lentement à la terre. Einstein a supposé que lorsque la particule le photon quitte le champ gravitationnel, nous avons que l'hamiltonien $H = E + V = h\nu$ est une constante de mouvement. Par rapport à un observateur lointain, Einstein a supposé que la valeur de l'énergie cinétique E diminuait à mesure que l'énergie potentielle V augmente de telle sorte que $H = h\nu$ est une constante de mouvement lorsque le photon se déplace du Soleil vers l'extérieur. Les changements d'énergie sont analogues à ceux d'une pierre lancée vers le haut depuis la Terre. Ceci est cohérent avec le principe d'équivalence d'Einstein, qui suppose que toutes les formes d'énergie, y compris celle du photon, sont attirés par le champ gravitationnel. Cependant, sur la base des expériences de *redshift* solaire [1] et les analyses théoriques de la section 3, nous trouvons ces hypothèses incorrectes.

Le *plasma redshift*, basé sur une physique bien établie, explique le *redshift* observé des raies solaires de Fraunhofer. Les observations ne détectent aucun décalage gravitationnel vers le rouge [1] (voir section 5.6.2 et 5.6.3 de cette source). Les hypothèses d'Einstein conduisent donc à des contradictions avec les observations.

L'hypothèse d'Einstein selon laquelle les ondes arrivent sur Terre telles qu'elles quittent le Soleil semble raisonnable dans le cadre de la physique classique. Mais un physicien A, qui est un partisan de la mécanique quantique, trouve les hypothèses d'Einstein inadmissibles. Le physicien A considère la lumière comme composée de photons avec une longueur limitée. Il ne voit aucune exigence de la théorie ou des expériences pour l'hypothèse que les ondes arrivent sur la Terre telles qu'elles quittent du Soleil, et il ne voit pas la nécessité, à la lumière des expériences ou de la théorie, de supposer que les photons sont attirés comme des particules matérielles dans le champ gravitationnel.

[Analyse des expériences qui ont été réalisées pour montrer la masse gravitationnelle du photon :]

Von Eötvös [9] et beaucoup d'autres réalisaient des expériences similaires ne fonctionnant pas avec des photons. Mais d'autres expériences, par exemple les expériences de Pound et Repka, Jr. [2, 3], et de Pound and Snider [4, 5] sont généralement interprétées comme montrant que le champ gravitationnel attire les photons telles des particules de matière. On pense que ces expériences confirment que le principe d'équivalence s'applique aux photons. Cependant, dans la suite, nous montrons que l'interprétation de ces expériences n'est pas valide. Les expériences relèvent de la physique classique et ne peuvent détecter les effets de la mécanique quantique. Ces expériences, qui ont été supposées confirmer le décalage gravitationnel vers le rouge des photons et *le principe d'équivalence* pour les photons, sont en fait insensibles à l'attraction, à l'absence de masse gravitationnelle ou à la répulsion des photons.

Les photons de 14,4 keV utilisés dans les expériences de Pound et Repka, Jr. [2, 3], et Pound et Snider [4, 5] n'ont pas eu le temps nécessaire, à peu près $7,5 \cdot 10^{-8}$ secondes, pour changer de fréquence, les photons ont parcouru la courte distance de seulement 22,5 m entre émetteur et capteur dans le faible potentiel gravitationnel de la Terre. Le temps minimum requis pour changer la fréquence d'un photon est d'environ $1,9 \cdot 10^{-5}$ s. Ce temps minimum peut être dérivé de la probabilité de transition ou de la relation d'incertitude en mécanique quantique. La différence d'énergie potentielle gravitationnelle de 14,4 keV photons à la position de l'émetteur et du capteur dans les expériences [2-5] est

$$\Delta E = (h\nu / c^2 \cdot 981) \cdot 2250 = 5{,}67 \cdot 10^{-23} \text{ erg}$$

où dans le repère local l'énergie cinétique du photon E est égale à $h\, \check{n} = h\nu/(1+2\chi/c^2)$, qui est égale à la différence entre les deux niveaux d'énergie E_2 et E_1 dans le noyau de l'isotope $_{26}Fe^{57}$, $\check{n}$ est la fréquence standard (la fréquence mesurée par une horloge standard ou la fréquence mesurée spectroscopiquement avec le spectroscope placé près de la source), ν est la fréquence coordonnée et χ est le potentiel gravitationnel scalaire. Dans la théorie classique, la masse gravitationnelle, m_g, du photon est égale à la masse inertielle, $m_i = h\nu / c^2$. Le facteur 981 cms^{-2} est le champ gravitationnel agissant sur le photon, le facteur 2 250 cm est la différence de hauteur.

De la relation d'incertitude et de la théorie de transition en mécanique quantique, le temps minimum, t, requis pour observer la transition entre les deux états est approximativement $t \geq h / (2\pi E) = 1{,}9 \cdot 10^{-5}$ s, où h est la constante de Planck.

La longueur du photon de 14,41 keV est d'environ $L \approx 2\pi c\tau = 270$ m, où $\tau = 143$ ns est la durée de vie de la transition de 14,41 keV dans le noyau. Pendant le trajet de l'émetteur au capteur, les photons subiraient généralement une différence de potentiel plus petite. Par conséquent, il est impossible pour les photons de s'adapter au nouveau potentiel ou de changer de fréquence pendant leur courte durée, temps de parcours de $7,5 \cdot 10^{-8}$ s de l'émetteur au capteur dans ces expériences.

D'autre part, les atomes et les noyaux de l'émetteur et du capteur ont eu suffisamment de temps pour s'ajuster aux potentiels de gravitation. Chaque transition en mécanique quantique prend du temps. Les photons ont besoin de temps pour changer d'un état à un autre, même si les états se chevauchent et sont continus. Dans les expériences [2-7] les photons n'avaient aucune chance de s'ajuster au potentiel gravitationnel pendant qu'ils quittaient de l'émetteur au capteur. Pour le physicien A, familiarisé avec la mécanique quantique, ces expériences ne sont pas concluantes en ce qui concerne la théorie du décalage vers le rouge gravitationnel, car les expériences ne rendent pas possible de détecter une absence de poids, une répulsion, ou une attraction d'un photon par le champ gravitationnel.

Dans les expériences de fusée de Vessot et al. [6], les photons maser sont trop longs. Aussi la différence de potentiel entre émetteur et détecteur est trop petite. Dans les expériences spatiales de Krisher et al. [sept], les photons laser (signaux) utilisés dans l'expérience sont trop longs. Ils vont du soleil à au-delà de Saturne. Ces expériences, supposées avoir prouvé le décalage vers le bas par gravité, sont insensibles aux effets de la mécanique quantique pertinents dans les interactions des photons avec le champ gravitationnel.

La mécanique quantique, conformément au principe de correspondance de Bohr, rejoint la mécanique classique dans la limite des expériences sur les grandes longueurs d'onde et dans la limite de la variation lente du champ gravitationnel. Une *Relativité Générale quantique* correcte modifiée mécaniquement ne contredit pas, par conséquent, les expériences de physique classique, comme les expériences de Pound et Rebka [2-3], Pound et Snider [4-5], des expériences de fusée de Vessot et al. [6] et les expériences spatiales de Krisher et al. [7], parce que les expériences ne sont pas concluantes et ne permettent pas de détecter une absence de poids, une répulsion, ou une attraction du photon.

<u>Dans les expériences de déviation gravitationnelle</u> analysées par Riveros et Vucetich [17], et dans les expériences sur le retard temporel des échos radar de Shapiro et al. [18], il est important de réaliser que

50% de l'effet mesuré est dû à la variation de la vitesse de la lumière [123] dans le champ gravitationnel, et 50% est due à la déformation de l'espace. Les changements dans la vitesse de la lumière et la déformation de l'espace sont causés par la masse du Soleil (étoile ou galaxie), et sont indépendants de l'absence de poids, de la répulsion ou attraction du photon. La déviation et le délai dans les expériences mentionnées ci-dessus sont indépendants de la fréquence ou de tout changement de fréquence pendant le temps de vol.

[importance des référentiels en relativité] Einstein utilisait habituellement fréquence coordonnée (*coordinate frequency*) pour décrire les phénomènes. Beaucoup de scientifiques utilisent plutôt fréquence standard (*standart frequency*), souvent sans le préciser clairement. […] Nous utiliserons avec Einstein un système de référence d'un observateur distant utilisant des horloges coordonnées [….]

La section suivante 2 ne fait que souligner le fait bien connu qu'en mécanique quantique le passage à un nouvel état énergétique n'est pas instantané, mais prend un temps fini.

La section 3, la section principale, comprend 7 sous-sections 3.1 à 3.7. Ces sous-sections montrent que la fréquence coordonnée du photon n'a pas besoin d'être une constante de mouvement lorsque le photon se déplace à travers un champ gravitationnel. Au lieu de cela, la fréquence coordonnée du photon pourrait augmenter quand un photon s'éloigne d'un corps gravifique, à condition qu'il reste suffisamment de temps pour que la fréquence change (voir les équations 1 et 2). Cela concorde avec les expériences de *redshift* solaire, qui montrent que le décalage vers le rouge gravitationnel est inversé lorsque les photons se déplacent vers

---

123. « Einstein nous dit que si l'on utilise le temps-coordonnée (autrement dit, si on utilise des horloges parfaites au rythme ajusté de façon à maintenir la synchronisation dans tout l'espace indépendamment du champ gravitationnel), la vitesse de la lumière mesurée à l'aide de ces horloges n'est plus constante mais varie selon la valeur du potentiel gravitationnel au point considéré. Une vitesse ainsi mesurée est ce que nous appelons aujourd'hui une vitesse-coordonnée (car calculée à partir du temps-coordonnée) » Pierre Spagnou, Einstein et l'article incompris de 1911, Bibnum, Physique, Relativité, 2017 URL : http://journals.openedition.org/bibnum/1072. (Note du traducteur).

l'extérieur. Pour un observateur distant, les photons semblent être poussés vers l'extérieur.

[Les sections 2 et 3 sont consacrées essentiellement à des calculs quantiques et relativistes qui dépassent le cadre de cet ouvrage. Se reporter au texte original : Weightlessness of photons: A quantum effect, Ari Brynjolfsson 2006, disponible sur le Web.]

4. Conclusion

[…]

Cela affecte considérablement notre perspective cosmologique. Par exemple, il en résulte qu'il n'y a pas de «trous noirs», car une condition préalable à un « trou noir » est l'hypothèse que la lumière est aspirée dans le "trou noir" et ne peut pas s'échapper. Au contraire, les photons peuvent maintenant échapper aux "trous noirs". Comme indiqué à la section 6 de [1], rien ne nous empêche donc de supposer que, sous le même principe à haute pression proche de la « limite d'un trou noir », la matière est annihilée et transformée en photons, qui peuvent s'échapper et reformer ou recréer de la matière à distance du bord « limite de trou noir». Les physiciens ont assisté en laboratoire à une telle annihilation et recréation de la matière pendant de nombreuses années dans le monde. Il semble tout à fait naturel de supposer que de tels processus peuvent également se dérouler à la « limite d'un trou noir » dans la nature. Dans la section 6 de [1], nous soulignons plusieurs observations, telles que d'intenses rayonnements d'annihilation positron-électron observés au centre de la Voie lactée. Aussi le flux d'hydrogène très élevé qui s'éloigne du centre de notre Voie lactée est une indication forte d'une recréation d'hydrogène près du centre de la Voie lactée. Comme indiqué dans la référence [1], il est donc possible et même raisonnable de supposer que l'univers peut se renouveler à jamais près des "objets au bord d'un trou noir". Dans la référence [1], nous avons montré comment le *plasma redshift* explique le *redshift* cosmologique, le fond cosmologique de micro-ondes et le fond cosmologique de rayons X. Nous n'avons pas besoin du terme Λ d'Einstein, et il est possible que l'univers soit quasi statique, et que la matière puisse être continuellement renouvelée à jamais, voir la référence [1].

La non-pesanteur des photons n'entre pas en conflit avec le poids observé du champ électromagnétique d'électrons et de noyaux dans les expériences en chute libre, telles que celles des références [12, 13]. C'est à dire que le principe d'équivalence est valable pour les champs électromagnétiques [fixes] à l'exception de ceux des photons. Les photons se distinguent donc non seulement par leur vitesse exceptionnelle et leur masse nulle au repos mais aussi par leur masse gravitationnelle nulle dans un système local de référence. »

Références (voir l'original).

Nucléosynthèse
A. Brynjolfsson

[Il s'agit ici du recyclage de la matière aspirée par les très forts champs gravitationnels]

« ... 2. Nucléosynthèse dans la cosmologie du Plasma-Redshift

(Nucleosynthesis in Plasma-Redshift Cosmology. 2nd Crisis in Cosmology Conference, CCC-2 ASP Conference Series, Vol. 413, c 2009. Frank Potter, ed.)

Cette section montre que lorsque la masse d'un collapsar [étoile effondrée par gravitation] augmente au-delà d'environ 3 masses solaires, le collapsar ne forme pas de Trou Noir, comme il est habituellement conjecturé. Le collapsar forme à la place une "bulle" photonique dense, chaude et sans poids au centre des objets correspondants, que nous appelons candidats trou noir (BHC).

La bulle de photons sans poids au centre empêche la formation d'un trou noir. Les BHC peuvent se développer pour former des SMBHC qui, lorsqu'ils sont perturbés par des secousses, peuvent entraîner dans d'énormes rafales de rayons gamma de photons libérés par la bulle de photons. Les secousses peuvent également libérer des plasmas chauds de quarks-gluons et d'électrons et des plasmas chauds de protons et électrons entourant la bulle. Cela conduit à son tour à une nucléosynthèse comme de type primitif et de régions de formation d'étoiles autour du SMBHC.

2.1. Pas de trous noirs

Dans la théorie de la relativité générale (GTR), la dilatation gravitationnelle du temps et le *redshift* sont tous deux donnés par

$$
(1) \qquad dt = \frac{d\tau}{\sqrt{\left(\sqrt{1 - 2\,G\,M/(R\,c^2)} - \gamma_t u^t/c\right)^2 - u^2/c^2}} = \varepsilon\, d\tau
$$

Voir les Eqs. de Møller. (8.114), (10.62) et (10.65) dans (Møller 1972) où le temps propre τ est mesuré par un observateur suivant la particule ; t est le temps mesuré par un observateur distant éloigné du corps créant la gravitation ; et u la vitesse de la particule. G est la constante gravitationnelle, M et R masse et rayon de l'étoile ; et γ_1 le potentiel vecteur ; $\varepsilon = (1+z_{gr})$ est le facteur GTR remplaçant le facteur de Lorentz $(1 - u^2/c^2)^{-1/2}$ dans la théorie de la relativité spéciale (STR).

Nous avons : $\qquad \varepsilon = (1 + z_{gr}) = \lambda_{gr}/\lambda_0 \qquad (2)$

où z_{gr} est le *redshift* gravitationnel élargi dans la cosmologie du Big Bang qui, en plus du *redshift* gravitationnel habituel, comprend la modification par les mouvements des particules, comme indiqué par l'équation (1).

Quand $\gamma_1 = 0$, l'équation (1) prend la forme

$$dt = \frac{d\tau}{\sqrt{1 - 2\,G\,M/(R\,c^2) - u^2/c^2}} = \varepsilon\, dt \quad (3)$$

G = 6.673 .10^{-8} cm^3 $g^{-1}s^{-2}$ est la constante gravitationnelle de Newton.

Pour $u \approx 0$, cette équation est valide pour $2\,(GM/Rc^2) < 1$. alors Eq. (3) est valide.
Pour $R > Rs \approx 2\,(GM/c^2) = 1.485 . 10^{-28}\,M = 2.95 . 10^5\,(M/M\odot)$ cm, (4)
où Rs est le rayon de Schwartzchild du BHC. Lorsque R s'approche de cette limite, l'incrément de temps, dt, s'approche de l'infini, et la fréquence de la lumière, l'énergie et la température approchent de zéro. Outre les vitesses et les mouvements thermiques, les champs électriques et magnétiques peuvent également affecter la limite. Les conditions qui limitent pour les différentes particules du BHC ont donc une large distribution.
Le champ gravitationnel affecte non seulement le temps comme dans Eq. (1), mais aussi les dimensions d'espace, la masse d'une particule, et la vitesse de la lumière. Pour simplifier l'évaluation, nous supposons qu'au point P la vitesse de la particule est si petite que $\gamma_1 u^1$ et u^2/c^2 peuvent être négligés ; c'est à dire que $\varepsilon = [1 - 2GM/(Rc^2)]^{1/2}$. La masse

à ce point P , telle que vue par un observateur dans un système de référence distant, est $m = m_0\,\varepsilon$, la vitesse de la lumière $c = c_0/\varepsilon$, la fréquence $\nu = \nu_0/\varepsilon$, et l'énergie du photon $h\,\nu = h\,\nu_0/\varepsilon$. L'énergie de masse au repos est donnée par $mc^2 = (m_0\,\varepsilon)(c_0/\varepsilon)^2 = (m_0\,c_0^2/\varepsilon)$. La conservation de l'énergie est valide : $E_{kin} = (E_{kin})_0/\varepsilon$. Dans un système de référence distant, nous avons :

$$E_{kin} = (E_{kin})_0/\varepsilon = (m_0\,c_0^2 - m\,c^2) = m_0 c_0^2\,(1 - 1/\varepsilon) \quad (5)$$

qui montre que pour $\varepsilon \gg 1$ l'énergie cinétique dans un système de référence distant approche l'énergie de masse au repos $m_0\,c_0^2$. Dans un système local de référence à P, nous avons donc

$$(E_{kin})_0 = \varepsilon\,E_{kin} = \varepsilon\,m_0 c_0^2 - m_0 c_0^2 = m_0 c_0^2\,(\varepsilon - 1)$$

qui montre que pour $\varepsilon > 2$ l'énergie cinétique $(E_{kin})_0$ dans le système local de référence est plus grande que l'énergie au repos $m_0\,c_0^2$ de la particule. Près du centre des BHCs la matière très chaude va donc se transformer en photons, qui sont sans poids. En mécanique quantique, la masse d'une particule est toujours contenue dans un volume fini. Donc, dans la cosmologie du *plasma redshift*, l'absence de poids du photon signifie que la masse gravitationnelle n'est pas conservée quand une masse change en photon ou un photon en masse. Nous avons que la masse gravitationnelle du photon est nulle tandis que la masse d'inertie du photon vaut $h\nu/c^2$. Le rayon limitant du BHC sera souvent à l'intérieur du collapasar, et il peut donc être difficile de définir M et R. Pour interpréter Eq.5 et Eq.6, nous avons seulement besoin que ε augmente vers le centre du BHC .

Les énergies de fission, fusion et liaison nucléaire sont insignifiantes, ou de moins de 1 % de l'énergie de masse au repos. L'échauffement initial près de la singularité est donc à peu près égal à l'énergie de masse au repos.

Toutes les équations dans la cosmologie du *plasma reshift* sont les mêmes que les équations conventionnelles. La différence réside seulement dans l'absence de poids du photon et la manière dont la fréquence du photon varie quand le photon se déplace depuis un corps gravifique (par exemple le soleil) vers un observateur distant (par exemple sur la terre). Dans la cosmologie du *plasma redshift*, la fréquence du photon croit et change le redshift gravitationnel pendant le trajet du photon, voir Brynjolfsson 2005, alors que selon la GTR d'Einstein, la fréquence du photon redshifté gravitationnellement reste constante pendant le trajet, par exemple, du soleil à la terre.

Si Einstein avait su que les photons sont sans poids, il n'aurait jamais introduit la constante cosmologique Λ, car le photon sans masse gravitationnelle dans un système local de référence supprime la nécessité du Λ d'Einstein.

Important aussi est le fait que *quand une particule de masse m_0 au repos se déplace depuis l'infini jusqu'à la surface d'un BHC, l'énergie cinétique gagnée n'est pas équivalente à la différence d'énergie potentielle entre l'infini et la surface, comme c'est habituellement cru. Au contraire le gain total d'énergie cinétique est à peu près égal à l'énergie au repos $m_0 c^2$ ($\varepsilon - 1$).* Cette correction des calculs conventionnels est importante, car elle augmente d'une manière significative la chaleur au centre du BHC. Cette règle s'applique aux collapsars avec les bulles chaudes de photons en leur centres. Le poids de la particule à la surface pressera la masse du collapsar pour libérer, la plupart du temps près du centre du BHC, une énergie totale presque égale à $m_0 \, c^2$ ($\varepsilon - 1$). L'accrétion de matière peut facilement conduire à la croissance du BHC en SMBHC. Avant qu'un noyau de grande masse, comme le fer, se transforme en photon, il va habituellement fissionner en hadrons, comme protons et neutrons, qui à leur tour vont fissionner en particules fondamentales, comme les quarks, antiquarks, et les leptons (qui incluent électrons (e), muons (μ), et particules tau (τ) et leurs antiparticules et les neutrinos correspondant), et les bosons (qui incluent photons, gluons, Z-bosons, et W-bosons). Les énergies de fission et de fusion des noyaux se montent à une petite fraction de l'énergie de masse au repos, ou en général moins d'environ 1 %.

2.2. Collapsars   Si la masse d'une étoile consumée effondrée dépasse environ M $\approx$ 2,5 M$\odot$[124], les cosmologistes du Big Bang supposent que les interactions d'échange entre les neutrons ne peuvent pas empêcher

---

124. Masse du soleil.

l'effondrement en un trou noir. Ils croient donc que le trou noir existe, car les lois physiques, telles qu'ils les connaissent, ne peuvent pas supporter la pression.

En revanche, dans la cosmologie du *plasma redshift*, la formation de trou noir peut être contournée, comme nous l'avons vu dans la section précédente. Lorsque le collapsar est suffisamment grand pour former un candidat trou noir (BHC), la température en son centre est suffisamment élevée pour transformer la masse en photons. Les interactions d'échange entre fermions identiques dans la couche de plasma de quarks-gluons et dans la couche de protons-électrons poussent les fermions vers l'extérieur et pressent ainsi les photons (qui ne sont pas affectés par les forces d'échange) vers l'intérieur. Très peu de neutrons se forment en raison de la température élevée dans ces couches. Les photons non gravitationnels, qui sont des bosons, s'accumulent donc au centre du BHC et empêchent ainsi la formation du trou noir (BH). La physique du collapsar en dessous de la limite de masse M $\approx$ 2,5 M$\odot$ pour le BHC est dans la cosmologie du plasma redshift presque identique à la physique dans la cosmologie conventionnelle du Big Bang. En cosmologie du *plasma redshift*, nous pouvons donc pour ces petits collapsars utiliser les modèles conventionnels qui ont été utilisés pour décrire les étoiles à neutrons et les pulsars dans la cosmologie du Big Bang.

Par exemple, pour une petite étoile à neutrons non tournante de masse M $\approx$ 1,4 M$\odot$, nous pouvons utiliser l'équation d'état imaginée par Akmal, Pandharipande et Ravenhall (1998), telle que modifiée par Olson (2002) ou par Krastev et Sammarruca (2006). Une étoile à neutrons ayant une densité d'énergie nucléaire à peu près normale, soit environ 153 MeV fm^{-3} ou 2,73 $\cdot$ 10^{14} g cm^{-3}, aurait le long de chaque axe une pression partielle d'environ px = 1,27 $\cdot$ 10^{33} dyne cm^{-2}. Au centre d'une étoile de 1,4 M$\odot$ avec un rayon d'environ 12,7 km, la densité d'énergie sera d'environ 317 MeV fm^{-3}, et la densité de masse d'environ 5,65 $\cdot$ 10^{14} g cm^{-3}. La pression partielle correspondante au centre serait px = 2,44 $\cdot$ 10^{34} dyne cm^{-2} ; voir Olson (2002).

Akmal, Pandharipande et Ravenhall (1998) pensent, sur la base d'expériences en laboratoire, que l'étoile à neutrons devient instable lorsque sa masse augmente et s'approche de M ≈ 2,2 M⊙. Ils ont fixé une limite supérieure de M ≈ 2,5 M⊙. Des expériences en laboratoire permettent de penser qu'au centre de telles étoiles, la matière se transforme en plasma quark-gluon (Krastev & Sammarruca 2006). Ces prédictions sont cohérentes avec les observations [Krastev & Sammarruca (2006); Kl¨ahn (2006) ; Remillard et McClintock (2006) ; Suleimanov et Poutanen (2006)]. Ils sont également cohérents avec la cosmologie *plasma redshift*, car nous pouvons avoir que dans la zone de transition $1.8M⊙ \leq M \leq 2.5M⊙$, un plasma quark-gluon est formé qui émet et se transforme en photons, qui forment une bulle qui empêche toute une partie de l'étoile d'atteindre la limite du trou noir. Une petite bulle n'a qu'un faible effet sur les équations d'état conventionnelles.

L'état dépendra de la rotation. Pour une vue d'ensemble brute, nous pouvons utiliser comme guide les modèles de «rotation rapide d'étoiles étranges» développés par Gourgoulhon et al. (1999). D'après leurs estimations et leurs figures 2 et 4, il est clair que l'étoile s'étire dans le sens équatorial à mesure que la rotation augmente. Lorsque la surface à l'équateur dépasse la limite d'orbite liée, l'étoile perd de la masse à l'équateur. Un tel BHC peut augmenter la masse et la bulle au centre va se développer. *Le rebond des photons d'avant en arrière à travers la bulle progressivement réduit le moment angulaire, et le BHC peut devenir un BHC super-massif à rotation lente (SMBHC) avec une rotation très lente comme observé.*

Les photons étant des bosons peuvent être compressés à volonté. Suite à l'effondrement initial d'une grande étoile, la bulle de photons formée au centre est fortement comprimée et va donc rebondir. Une partie de l'énergie peut entraîner une éruption de supernova, avec une libération de plasma primordial et une explosion de rayons gamma, voir SN 1987A. Le changement le plus important par rapport à la physique conventionnelle est qu'un collapsar de masse M supérieure à environ 2,5 M⊙ aura une bulle de photons chauds en son centre, qui est entourée de plasma de quarks-gluons puis de couches de plasma de protons-électrons. Presque aucun neutron ne se forme en raison des températures élevées. La transition entre les différentes couches est progressive. Lorsque le BHC devient un SMBHC, la densité diminue tout au long (à mesure que la fraction de photons augmente) de sorte que la condition donnée par l'équation (7) est toujours remplie. Tout cela est auto régulé.

2.3. Candidat trou noir supermassif (SMBHC) au centre de notre Voie Lactée

Chaque galaxie est supposée posséder un super massif trou noir (SMBHC) avec une masse de l'ordre de 10^6 à $3 . 10^9$ masses solaires (Narayan & Mc-Clintock 2008). Dans notre galaxie, le SMBHC dans Sagittarius A* avec une masse d'à peu près $3.7 . 10^6$ M⊙ a été étudié extensivement [Ghez et al. (2005); Ghez et al. (2004b); Ghez et al. (2004 a); Ghez et al. (2003); Muno et al. (2006); Yuan, Quataert, & Narayan (2004); Yuan, Quataert, & Narayan (2003); Nagai (2007); Figer (2008)].

Dans la cosmologie du Big Bang, beaucoup de phénomènes ont été difficiles à comprendre ; comme *la jeunesse de la principale séquence des étoiles O8 et B0 avec des masses d'environ 15 M⊙ et des ages de moins de 10 millions d'années dans l'environnement immédiat du SMBHC* (Ghez et al. (2005) ; Ghez et al. (2003); Figer (2008)). Dans la cosmologie du Big Bang, le centre de la galaxie était supposé consister de vieilles étoiles consumées, et d'un trou noir incapable d'émettre des sursauts gamma et de matière primitive.

La cosmologie du plasma-redshift, comme c'est montré dans la section 2.1, indique que les BHCs et SMBHCs sont très chauds dans leurs centres. Immédiatement après l'effondrement initial de grandes étoiles consumées beaucoup de masse et d'énergie sera rejetée à l'extérieur pour former une supernova. En dépit de cela les centres sont très chauds, parce que ni matière ni énergie disparaît dans un trou noir. Dans la bulle de photons au centre du SMBHC et dans son environnement de plasma quark-gluons, la température dépasse 192 Mev, ou en égalant cette énergie de particule avec (3/2) kT, nous avons $T \approx 1.5 \cdot 10^{12}$ K. La bulle de photons et les couches dans voisinage immédiat sont trop chauds pour former des neutrons, car l'énergie de liaison de l'électron dans le neutron est environ 0,7825 MeV. Lorsque dans les couches externes la température descend au dessous d'environ 20 MeV, quelque fusion démarre ; d'abord avec la formation d'hélium, puis d'éléments plus légers. Différentes sortes de perturbations du SMBHC, comme des collisions avec des étoiles proches, peuvent conduire à des sursauts de rayons gamma avec libération de matière primitive de haute densité depuis la bulle et son environnement. Le rejet de matière primitive chaude peut à son tour résulter en formation d'étoile près du centre galactique. La Plasma redshift fournit ainsi une explication naturelle des observations sur la jeunesse des principales séquences d'étoiles O8 et B0 au centre des galaxies. Ces phénomènes bien documentés ne pouvaient tout simplement pas être expliqués auparavant.

Fait intéressant, les températures et densités très élevées dans certaines des couches du SMBHC peuvent aussi entraîner la spallation et la formation de $_6$Li et d'autres isotopes que le scénario du Big Bang avait des difficultés à expliquer.

La luminosité et les émissions infrarouges observées du SMBHC au centre galactique ont également été difficiles à expliquer ; voir [Ghez et al. (2005); Ghez et al. (2004b); Ghez et al. (2004a); Ghez et al. (2003); Muno et al. (2006)]. Mais la cosmologie du *plasma redshift* fournit une explication simple. Dans les couches externes, dans les plasmas coronaux très chauds et peu denses entourant les SMBHCs, les interactions collectives dominent les processus d'absorption et émission. La température d'émission du corps noir, T_{bbem}, du plasma de la couronne totalement ionisée autour d'un SMBHC est donnée par (voir Eq. 61 de Brynjolfsson 2005) : $aT^4_{bbem} = 3\,N\,kT = 5.75\,N_e\,kT\ dyne\ cm^{-2}$, (7) où $a = 4/c = 7.566 \cdot 10^{-15}$ dyne cm^{-2} K^{-4} est la constante de Stefan-Boltzmann pour la densité d'énergie, et k = 1.38 $\cdot 10^{-16}$ est la constante de Boltzmann, et $N \approx (NH + NHe + Ne) \approx 1.917\ Ne\ cm^{-3}$. Le SMBHC au centre de notre galaxie est entouré d'une couronne. Si dans Eq. (7) la température d'émission du corps noir est T_{bbem} = 200 K, l'intensité spectrale maximale dans une intensité en fonction de λ serait à λ = 0.29/200 $\approx$ 0.0015 cm, ou à $v = 2 \cdot 10^{13}$ s^{-1}. Le spectre correspondrait très bien à l'intensité spectrale observée. Selon l'Eq. (7), nous avons alors le produit Te $\cdot$ N$_e \approx 1.5 \cdot 10^{10}$ K cm^{-3}. La densité électronique dans la couronne est alors probablement de l'ordre de N$_e \approx 3 \cdot 10^3$ cm^{-3} à Ne $\approx 1.5 \cdot 10^6$ cm^{-3}, correspondant à une température d'électrons dans la gamme de T$_e \approx 5 \cdot 10^6$ K à T$_e \approx 10^4$ K. Fait intéressant, en raison du cut-off du plasma redshift, les couches avec plus grandes densités et plus basses températures peuvent être plus proches du SMBHC que les couches basse densité haute température. Ceci est comparable à la zone de transition de la couronne solaire.

Dans la cosmologie du Big Bang, la faible émission est imputée au trou noir, qui devrait avaler la matière chaude et les photons chauds dans un flux d'accumulation dominé par l'advection (ADAF). L'émission basse fréquence est supposée être un rayonnement synchrotron. Mais il a été difficile d'expliquer l'origine des électrons de haute énergie nécessaires à l'explication du rayonnement synchrotron. (En fait, le chauffage par le redshif du plasma peut expliquer certains électrons de haute énergie.) Ces exemples et la comparaison avec la prédiction de l'équation (7) ne servent que d'indicateurs approximatifs. *Mais ils indiquent que la cosmologie du plasma redshift peut être en mesure d'expliquer la distribution d'intensité spectrale et l'émission thermique à basse énergie observée d'environ 10^{36} erg s^{-1} de SMBHC avec un rayon de r $\approx 2 \cdot 10^{15}$ cm.*

Aux basses fréquences, la section efficace de *plasma redshift* domine l'émission free-free dans la couronne du SMBHC. Mais dans la couronne plus profonde et plus dense, l'émission et l'absorption libre libre (free-free) peuvent dominer aux températures plus élevées et aux fréquences plus élevées (rayons X), car le redshift du plasma est proportionnel à N$_e$, tandis que l'émission libre libre est proportionnelle à N^2_e. Tout comme au Soleil, nous aurons souvent des éruptions déclenchées généralement par de forts champs magnétiques qui abaissent les fréquences de coupure du *plasma redshift*, voir Eq. (28) de Brynjolfsson (2005). La zone cut-off pénètre ensuite profondément dans la couronne. Une fois que le chauffage additionnel par le *plasma redshift* commence dans ces couches profondes, la conversion de l'énergie du champ magnétique en chaleur entre en jeu, et augmente le chauffage et le rend explosif. Ceci peut expliquer les éruptions de rayons X. (La physique des éruptions solaires est décrit dans la section 5.5 de référence (Brynjolfsson 2006 b), et les correspondantes free-free émissions et absorptions dans les appendices C1 et C2 de cette source). *La section efficace de plasma redshift donne ainsi une explication assez simple de ces difficultés à expliquer les éruptions de rayons X dans les SMBHCs.*

Références (de Brynjofsson)

Akmal, A., Pandharipande, V. R., & Ravenhall, D. G. 1998, The equation of state for nucleon matter and neutron star structure, Phys. Rev. C, 58, 1804; arXiv: nuclph/9804027 v1.

Arp, Halton 1998, Seeing Red (Apeiron, Montreal) ISBN 0-9683689-0-5.

Brynjolfsson, A. 2006b, Magnitude-Redshift Relation for SNe Ia, Time Dilation, and Plasma Redshift, arXiv: astro-ph/0602500 v1.

Brynjolfsson, A. 2006a, Weightlessness of photons: A quantum effect, arXiv: astroph/0408312 v3.

Brynjolfsson, A. 2005, Redshift of photons penetrating a hot plasma, arXiv: astroph/0401420 v3.

Figer, D. F. 2008, Massive Star Formation in the Galactic Center, arXiv: astroph/0803.1619 v2.

Ghez, A. M., Hornstein, S. D., Lu, J., Bouchez, A., Le Mignant, D., van Dam, M. A., Wizinowich,P., Matthews, K., Morris, M., Becklin, E. E., Campbell, R.D., Chin, J. C. Y., Hartman, S. K., Johansson, E. M., Lafon, R. E., Stomski,P. J., Summers, D. M. 2005, The first laser guide star adaptive optics observations of the Galactic center: SGRA's infrared color and the extended red emission in its vicinity, ApJ, 635,1087-1094; arXiv: astro-ph/0508664 v1.

Ghez, A. M., Wright, S. A, Matthews, K., Thompson, D., Le Mignant, D., Tanner, A., Hornstein, S. D., Morris, M., Becklin, E. E., Soifer, B. T. 2004,Variable infrared emission from the supermassive black hole at the center of the Milky Way, ApJ, 601, L159-L162; arXiv: astro-ph/0309076 v2.

Ghez, A. M., Salim, S., Hornstein, S. D., Tanner, A., Lu, J. R., Morris, M., Becklin, E. E., Duch^ene, G. 2004, Stellar orbits around the Galactic center black hole, ApJ, 620, 744-757; arXiv: astro-ph/0306130 v2.

Ghez, A. M., Duch^ene, G., Matthews, K., Hornstein, S. D., Tanner, A., Larkin, J., Morris, M., Becklin, E. E., Salim, S., Kremenek, T., Thompson, D., Soifer, B. T.,

Neugebauer, G., McLean, I. 2003, The first measurement of spectral lines in a shortperiod star bound to the Galaxy's central black hole: A paradox of youth, ApJ, 509, L127; arXiv: astro-ph/0302299 v2.

Gourgoulhon, E., Haensl,P, Livine, R., Paluch, E., Bonazzola, S., Marck, J. A. 1999, Fast rotation of strange stars, A&A, 349, 851; arXiv: astro-ph/9907225 v1.

Klähn, T., Blaschke, D., Sandin, F., Fuchs, Ch.., Faessler, A., Grigorian,H., Röpke, G., Trümper, J. 2006, Modern compact star observations and the quark matter equation of state, arXiv: nucl-th/0609067 v1.

Krastev,P. G., & Sammarruca, F. 2006, Neutron star properties and the equation of state of neutron-rich matter, Phys.Rev. C, 74, 025808; arXiv: nucl-th/0601065 v3.

Møller, C. 1972, The Theory of Relativity, 2nd ed. (Oxford University Press, Delhi, Bombay, Calcutta, Madras) SBN 19 560539.

Muno, M.P., Bower, G. C., Burgasser, A. J., Baganoff, F. K., Morris, M. R., Brandt, W. N. 2006, Isolated, massive supergiants near the Galactic center, ApJ, 638, 183; arXiv: astro-ph/0509617 v1.

Nagai, M., Tanaka, K., Kamegai, K., Oka, T. 2007, Physical conditions of molecular gas in the Galactic center, Publ. Astron. Soc. Japan, 1; arXiv: astro-ph/0701845 v1.

Narayan, R., & McClintock, J. E. 2008, Advection-dominated accreation and the black hole event horizon, to appear in "Jean-Pierre Lasota, X-ray binaries, accretion disks and compact stars" New Astronomy Reviews, eds. M.A. Abramowicz and O. Straub (Elsevier); arXiv: astro-ph/0803.0122 v1.

Narayan, R. 2005, Black holes in astrophysics, arXiv: astro-ph/0506078 v1.

Olson, T. S. 2002, High density neutron star equation of state from 4U 1636-53 observations, arXiv: astro-ph/0201099 v1: Olson, T. S.,2001, Maximally incompressible neutron star matter, Phys. Rev. C., 63, 105802; arXiv: astro-ph/0011107 v2.

Remillard, R. A., & McClintock, J. E. 2006, X-ray Properties of Black-Hole Binaries, arXiv: hep-ph/0606352 v1.

Suleimanov, V., & Poutanen, J. 2006, Spectra of the spreading layers on the neutron star surface and the constraints on the neutron star equation of state, arXiv: hep-ph/0601689 v2.

Weidenspointner, G., Kn¨odlseder, J., Jean,P., Skinner, G. K., von Ballmoos,P., Roques, J.-P., Vedrenne, G., Milne,P., Teegarden, B. J., Diehl, R., Strong, A., Schanne, S., Cordier, B., and Winkler, Ch. 2007, The sky distribution of 511 keV positron annihilation line emission as measured with integral/SPI, arXiv: astro-ph/0702621v1.

Yuan, F., Quataert, E., & Narayan, R. 2004, On the nature of the variable infrared emission from SGRA, ApJ, 606, 894; arXiv: astro-ph/0401429 v1.

Yuan, F., Quataert, E., & Narayan, R. 2003, Nonthermal electrons in radiatively inefficient accretion flow models of Sagittarius A, ApJ, 598, 301; arXiv: astroph/0304125 v2. »

© 2020, Jouve, Guy
Edition : Books on Demand,
12/14 rond-Point des Champs-Elysées, 75008 Paris
Impression : BoD - Books on Demand, Norderstedt, Allemagne
ISBN : 9782322259199
Dépôt légal : novembre 2020